COMMENT
JE VOIS LE MONDE

DU MÊME AUTEUR
(EXTRAITS)

L'Évolution des idées en physique des premiers concepts aux théories de la relativité, Payot, 1981 ; rééd. coll. « Champs », Flammarion, 1983
Œuvres choisies, 6 vol., Seuil, 1989-1993
Conceptions scientifiques, Flammarion, 1990
La Théorie de la relativité restreinte et générale, Dunod, 1990
Le Pouvoir nu. Propos sur la guerre et la paix, Hermann, 1991
Lettres d'amour et de science, Seuil, 1993
Pensées intimes, Rocher, 2000
Physique, Philosophie, Politique, Seuil, 2002
Quatre conférences sur la théorie de la relativité faites à l'université de Princeton, Hachette, 2005
Lettres à Maurice Solovine, J. Gabay, 2005
Pourquoi la guerre ?, Rivages, 2005

ALBERT EINSTEIN

COMMENT JE VOIS LE MONDE

Traduit de l'allemand
par Maurice SOLOVINE
et Régis HANRION

Champs sciences

© Flammarion, 1979
© Flammarion, 2009 pour la présente édition
ISBN : 978-2-0812-2904-4

NOTE DE L'ÉDITEUR

À l'origine de ce livre, se trouve un certain nombre d'articles et de textes scientifiques d'Einstein, rassemblés et traduits en français pour le compte des éditions Flammarion, en 1934, par le colonel Gros. Peu après cette publication, Maurice Solovine, grand ami d'Einstein, écrivain scientifique et traducteur expérimenté, reprend ces textes, les corrige ou les complète avec l'accord de l'auteur. Toutes les versions successives de 1934 à 1952 porteront le titre *Comment je vois le monde* et serviront de référence aux versions allemande et anglaise.

L'ensemble des textes couvrant la période 1930-1935 demandait un certain remaniement. Cette remise en forme eut lieu en 1978, et constitue le texte actuel.

Dès 1933, Albert Einstein avait demandé à Maurice Solovine de traduire les textes scientifiques essentiels de sa recherche. Solovine vérifia aussi les versions allemande et anglaise. Après sa mort, sa correspondance avec Einstein fut publiée en 1977 (Hermann éditeur). Nous savons, grâce à ces lettres, qu'Albert Einstein souhaitait s'expliquer, de façon simple et claire, sur les quatre grands thèmes qui fondent la division du livre en quatre parties : le pacifisme, la lutte contre le National-Socialisme, les problèmes juifs et certains problèmes scientifiques. L'introduction qui constitue le titre n'a jamais varié.

Le livre est un voyage au bout de la révolution et de la mort, celle des hommes et des esprits. Einstein aura connu les deux guerres mondiales et il vivra les contradictions aussi bien de sa condition juive que de sa profession de chercheur.

La révolution, Einstein la découvre à l'intérieur des instituts et des communautés scientifiques. Il opère seul, garde peu d'élèves, participe difficilement aux réunions. Les idées qu'il propose suscitent de violentes et inexpiables haines. Car il apporte des éléments nouveaux et repérables. Ainsi en 1916, en pleine guerre, des savants anglais essaieront de vérifier ses thèses. Mais dès 1920, les savants allemands susciteront des cabales et des ligues contre lui. Le mouvement nazi parachèvera ce que les professeurs allemands essayaient depuis 10 ans : écrire une histoire de la science sans aucune référence à Einstein ! À la façon dont l'Église voulait au XVIIe occulter Galilée... Einstein complique les désaccords par ses propres angoisses vis-à-vis de ce qu'il cherche. Physicien avec ou sans mathématiques, oscillant entre des théories de l'idéalité et des systèmes de logique, il déroute et trouble ses amis à cause de son évolution scientifique.

Einstein admire la communauté intellectuelle du judaïsme. Il donne des conférences et recueille de l'argent dès 1920 pour créer une université hébraïque.

Mais il refuse la présidence de l'État d'Israël et rejette les politiques du sionisme. Il est internationaliste, pacifiste, ami de R. Rolland dans cette aventure. Et le voilà un jour face à une grande responsabilité : la guerre atomique !

Un seul texte a été jugé utile par Einstein lui-même, et c'est cette lettre (p. 52) qui porte témoignage. Le jeune savant Léo Szilard, ancien élève, convainc son maître d'écrire au président des États-Unis pour que la puissance américaine empêche la réussite scientifique de la communauté nazie.

Albert Einstein a souffert toute sa vie d'avoir accepté. Mais il l'assume et l'explique. Grâce aux éditions et aux publications scientifiques s'y rattachant, nous pouvons répondre un peu mieux au vœu le plus profond d'Einstein, comprendre un peu mieux comment il voyait le monde

1

Comment je vois le monde

Ma condition humaine me fascine. Je sais mon existence limitée et j'ignore pourquoi je suis sur cette terre, mais parfois je le pressens. Par l'expérience quotidienne, concrète et intuitive, je me découvre vivant pour certains autres, parce que leur sourire et leur bonheur me conditionnent entièrement, mais aussi pour d'autres hommes dont, par hasard, j'ai découvert les émotions semblables aux miennes.

Et chaque jour, mille fois, je ressens ma vie, corps et âme, intégralement tributaire du travail des vivants et des morts. Je voudrais donner autant que je reçois et je ne cesse de recevoir. Puis j'éprouve le sentiment satisfait de ma solitude et j'ai presque mauvaise conscience à exiger d'autrui encore quelque chose. Je vois les hommes se différencier par les classes sociales et, je le sais, rien ne les justifie si ce n'est la violence. J'imagine accessible et souhaitable pour tous, en leur corps et en leur esprit, une vie simple et naturelle.

Je me refuse à croire en la liberté et en ce concept philosophique. Je ne suis pas libre, mais tantôt contraint par des pressions étrangères à moi ou tantôt par des convictions intimes. Jeune, j'ai été frappé par la maxime de Schopenhauer : « L'homme peut certes faire ce qu'il veut mais il ne peut pas vouloir ce qu'il veut » ; et aujourd'hui face au terrifiant spectacle des injustices humaines, cette morale m'apaise et m'éduque. J'apprends à tolérer ce qui me fait souffrir. Je supporte alors mieux mon sentiment de responsabilité. Je n'en suis plus écrasé et je cesse de me prendre moi ou les autres trop au sérieux. Alors je vois le monde avec humour. Je ne puis me préoccuper du sens ou du but de ma propre existence ou de celle des autres, parce que, d'un point de vue strictement objectif, c'est absurde. Et pourtant, en tant qu'homme, certains idéaux dirigent mes actions et orientent mes jugements. Car je n'ai jamais considéré le plaisir et le bonheur comme une fin en soi et j'abandonne ce type de jouissance aux individus réduits à des instincts de groupe.

En revanche, des idéaux ont suscité mes efforts et m'ont permis de vivre. Ils s'appellent le bien, le beau, le vrai. Si je ne me ressens pas en sympathie avec d'autres sensibilités semblables à la mienne, et si je ne m'obstine pas inlassablement à poursuivre cet idéal éternellement inaccessible en art et en science, la vie n'a aucun sens pour moi. Or l'humanité se passionne pour des buts dérisoires. Ils s'appellent la richesse, la gloire, le luxe. Déjà jeune je les méprisais.

J'ai un amour fort pour la justice, pour l'engagement social. Mais je m'intègre très difficilement aux hommes et à leurs communautés. Je n'en éprouve pas le besoin parce que je suis profondément un solitaire. Je me sens lié réellement à l'État, à la patrie, à mes amis, à ma famille au sens complet du terme. Mais mon cœur ressent face à ces liens un curieux sentiment d'étrangeté, d'éloignement et l'âge accentue encore cette distance. Je connais lucidement et sans arrière-pensée les frontières de la communication et de l'harmonie entre moi et les autres hommes. J'ai perdu ainsi de la naïveté ou de l'innocence mais j'ai gagné mon indépendance. Je ne fonde plus une opinion, une habitude ou un jugement sur autrui. J'ai expérimenté l'homme. Il est inconsistant.

La vertu républicaine correspond à mon idéal politique. Chaque vie incarne la dignité de la personne humaine, et aucun destin ne justifierait une quelconque exaltation de quiconque. Or le hasard s'amuse de moi. Car les hommes me témoignent une invraisemblable et excessive admiration et vénération. Je ne veux ni ne mérite rien. J'imagine la cause profonde mais chimérique de leur passion. Ils veulent comprendre les quelques idées que j'ai découvertes. Mais j'y ai consacré ma vie, toute une vie d'un effort ininterrompu.

Faire, créer, inventer exige une unité de conception, de direction et de responsabilité. Je reconnais cette évidence. Mais les citoyens exécutants ne devront jamais être contraints et pourront toujours choisir leur chef.

Or, très vite et inexorablement, un système autocratique de domination s'installe et l'idéal républicain dégénère. La violence fascine les êtres moralement plus faibles. Un tyran l'emporte par son génie mais son successeur sera toujours une franche canaille. Pour cette raison, je me bats toujours passionnément contre les systèmes de cette nature, contre l'Italie fasciste d'aujourd'hui et contre la Russie soviétique d'aujourd'hui. La démocratie actuelle en Europe sombre et nous imputons ce naufrage à la disparition de l'idéologie républicaine. J'y vois deux raisons terriblement graves. Les chefs de gouvernement n'incarnent pas la stabilité et le mode de scrutin se révèle impersonnel. Or je crois que les États-Unis d'Amérique ont trouvé la solution de ce problème. Ils élisent un président responsable élu pour quatre ans. Il gouverne effectivement et affirme réellement son engagement. En revanche le système politique européen se soucie davantage du citoyen, du malade et du nécessiteux. Dans les rouages universels, le rouage État ne s'impose pas comme le plus indispensable. Mais c'est la personne humaine, libre, créatrice et sensible qui façonne le beau et qui exalte le sublime, alors que les masses restent entraînées dans une ronde infernale d'imbécillité et d'abrutissement.

La pire des institutions grégaires se nomme l'armée. Je la hais. Si un homme peut éprouver quelque plaisir à défiler en rang au son d'une musique, je méprise cet homme… Il ne mérite pas un cerveau humain puisqu'une moelle épinière le satisfait. Nous devrions faire disparaître le plus rapidement possible ce cancer de la civilisation. Je hais violemment l'héroïsme sur ordre, la violence gratuite et le nationalisme débile. La guerre est la chose la plus méprisable. Je préférerais me laisser assassiner que de participer à cette ignominie.

Et pourtant je crois profondément en l'humanité. Je sais que ce cancer aurait dû depuis longtemps être guéri. Mais le bon sens des hommes est systématiquement corrompu. Et les coupables se nomment : école, presse, monde des affaires, monde politique.

J'éprouve l'émotion la plus forte devant le mystère de la vie. Ce sentiment fonde le beau et le vrai, il suscite l'art et la science. Si quelqu'un ne connaît pas cette sensation ou ne peut plus ressentir étonnement ou surprise, il est un mort vivant et ses yeux sont désormais aveugles. Auréolée de crainte, cette réalité secrète du mystère constitue aussi la religion. Des hommes reconnaissent alors quelque chose d'impénétrable à leur intelligence mais connaissent les manifestations de cet ordre suprême et de cette Beauté inaltérable. Des hommes s'avouent limités dans leur esprit pour appréhender cette perfection. Et cette connaissance et cet aveu prennent le nom de religion. Ainsi, mais seulement ainsi, je suis profondément religieux, tout comme ces hommes. Je ne peux pas imaginer un Dieu qui récompense et punit l'objet de sa création. Je ne peux pas me figurer un Dieu qui réglerait sa volonté sur l'expérience de la mienne, je ne veux pas et je ne peux pas concevoir un être qui survivrait à la mort de son corps. Si de pareilles idées se développent en un esprit, je le juge faible, craintif et stupidement égoïste.

Je ne me lasse pas de contempler le mystère de l'éternité de la vie. Et j'ai l'intuition de la construction extraordinaire de l'être. Même si l'effort pour le comprendre reste disproportionné, je vois la Raison se manifester dans la vie.

Quel sens a la vie ?

Ma vie a-t-elle un sens ? La vie d'un homme a-t-elle un sens ? Je peux répondre à ces questions si j'ai l'esprit religieux. Mais à « poser ces questions a-t-il un sens ? », je réponds : « Celui qui ressent sa propre vie et celle des autres comme dénuées de sens est fondamentalement malheureux, puisqu'il n'a aucune raison de vivre. »

Comment juger un homme ?

Je détermine l'authentique valeur d'un homme d'après une seule règle : à quel degré et dans quel but l'homme s'est libéré de son Moi ?

À quoi bon les richesses ?

Toutes les richesses du monde, fussent-elles entre les mains d'un homme totalement acquis à l'idée de progrès, ne permettront jamais le moindre développement moral de l'humanité. Seuls des êtres humains exceptionnels et irréprochables suscitent des idées généreuses et des actions sublimes. Mais l'argent pollue toute chose et dégrade inexorablement la personne humaine. Je ne peux comparer la générosité d'un Moïse, d'un Jésus ou d'un Gandhi et la générosité d'une quelconque fondation Carnegie.

Communauté et personnalité

Quand je réfléchis à mon existence et à ma vie sociale, je découvre clairement mon étroite dépendance intellectuelle et pratique. Je dépends intégralement de l'existence et de la vie des autres. Et je découvre ma nature semblable en tous points à la nature de l'animal vivant en groupe. Je mange un aliment produit par l'homme, je porte un vêtement fabriqué par l'homme, j'habite une maison construite par lui. Ce que je sais et ce que je pense, je le dois à l'homme. Et pour les communiquer j'utilise le langage créé par l'homme. Mais que suis-je réellement si ma faculté de penser ignore le langage ? Sans doute je suis un animal supérieur mais sans la parole la condition humaine se découvre pitoyable.

Je reconnais donc mon avantage sur l'animal dans cette vie de communauté humaine. Et si un individu se voyait abandonné à sa naissance, il serait irrémédiablement un animal en son corps et en ses réflexes. Je peux le concevoir mais je ne puis l'imaginer.

Moi, en tant qu'homme, je n'existe pas seulement en tant que créature individuelle, mais je me découvre membre d'une grande communauté humaine. Elle me dirige corps et âme depuis ma naissance jusqu'à ma mort.

Ma valeur consiste à le reconnaître. Je suis réellement un homme quand mes sentiments, mes pensées et mes actes n'ont qu'une finalité : celle de la communauté et de son progrès. Mon attitude sociale déterminera donc le jugement qu'on porte sur moi, bon ou mauvais.

Mais cette constatation primordiale ne suffit pas. Je dois reconnaître dans les dons matériels, intellectuels et moraux de la société, le rôle exceptionnel, perpétué par d'innombrables générations, de certains hommes créateurs de génie. Oui, un jour, un homme utilise le feu pour la première fois, oui, un jour il cultive des plantes alimentaires, oui, il invente la machine à vapeur.

L'homme solitaire pense seul et crée des nouvelles valeurs pour la communauté. Il invente ainsi de nouvelles règles morales et modifie la vie sociale. La personnalité créatrice doit penser et juger par elle-même car le progrès moral de la société dépend exclusivement de son indépendance. Sinon la société est inexorablement vouée à l'échec, comme l'être humain privé de la possibilité de communiquer.

Je définis une société saine par cette double liaison. Elle n'existe que par des êtres indépendants mais profondément unis au groupe. Ainsi quand nous analysons les civilisations anciennes et que nous découvrons l'épanouissement de la culture européenne au moment de la Renaissance italienne, nous reconnaissons le Moyen Âge mort et dépassé, parce que les esclaves s'affranchissent et que les grands esprits arrivent à exister.

Aujourd'hui que dirai-je de l'époque, de l'État, de la société et de la personne humaine ? Notre planète connaît une population prodigieusement accrue, si je la compare aux chiffres du passé. Ainsi l'Europe accueille trois fois plus d'habitants qu'il y a un siècle. Mais le nombre de personnalités créatrices a décru. Et la communauté ne découvre plus ces êtres dont elle a essentiellement besoin. L'organisation mécanique s'est substituée partiellement à l'homme novateur. Cette transformation s'opère évidemment dans le monde technologique mais déjà dans une proportion inquiétante dans le monde scientifique.

L'absence de personnes de génie se remarque tragiquement dans le monde esthétique. Peinture et musique dégénèrent et les humains sont moins sensibles. Les chefs politiques n'existent pas et les citoyens négligent leur indépendance intellectuelle et la nécessité d'un droit moral. Les organisations communautaires démocratiques et parlementaires privées de ces fondements de valeur sont décadentes en de nombreux pays. Alors paraissent les dictatures. Et elles sont tolérées parce que le respect de la personne et le sens social sont moribonds ou déjà morts.

N'importe où, en quinze jours, une campagne de presse peut exciter une population incapable de jugement à un tel degré de folie que les hommes sont prêts à s'habiller en soldats pour tuer et se faire tuer. Et des êtres malfaisants accomplissent ainsi leurs buts méprisables. La dignité de la personne humaine est irrémédiablement avilie par l'obligation du service militaire et notre humanité civilisée souffre aujourd'hui de ce cancer. Ainsi les prophètes commentant ce fléau ne cessent d'annoncer la chute imminente de notre civilisation. Je n'appartiens pas à ces futurologues d'Apocalypse. Car je crois en un avenir meilleur et je vais justifier mon espérance.

La décadence actuelle révèle, à travers les foudroyants progrès de l'économie et de la technique, l'ampleur du combat des hommes pour leur existence. L'humanité y a perdu le développement libre de la personne humaine. Mais ce prix du progrès correspond aussi à une diminution de travail. L'homme satisfait plus vite les besoins de la communauté. Et la répartition scientifique du travail, devenue impérative, sécurisera l'individu. Donc la communauté va renaître. J'imagine les historiens de demain interprétant notre époque. Ils diagnostiqueront les symptômes de maladie sociale comme la preuve douloureuse d'une genèse accélérée par les brusques mutations du progrès. Mais ils reconnaîtront une humanité en marche.

L'État face à la cause individuelle

Je me pose une très vieille question. Que dois-je faire quand l'État exige de moi un acte inadmissible et que la société attend de moi une attitude que ma conscience morale rejette ? Claire est ma réponse. Je suis totalement dépendant de la société où je vis. Donc je devrai me soumettre à ses prescriptions. Et je ne suis jamais responsable d'actes si je les accomplis sous une contrainte irrépressible. La belle réponse ! J'observe que cette pensée dément violemment le sentiment inné de la justice. Évidemment, la contrainte peut atténuer partiellement la responsabilité. Mais elle ne la supprime jamais. Et à l'occasion du procès de Nuremberg, cette morale a été pressentie comme allant de soi.

Or nos institutions, nos lois, nos mœurs, toutes nos valeurs, se fondent sur les sentiments innés de justice. Ils existent et se manifestent en tous les hommes. Mais les organisations humaines demeurent impuissantes si ces sentiments ne s'appuient et ne s'équilibrent sur la responsabilité des communautés. Je dois réveiller et soutenir ce sentiment de responsabilité morale, c'est un devoir face à la société.

Actuellement les scientifiques et les techniciens sont investis d'une responsabilité morale particulièrement lourde, parce que le progrès des armes d'extermination massive relève de leur compétence. Aussi, je juge indispensable la création d'une « Société pour la responsabilité sociale dans la Science ». Elle éclaircit les problèmes parce qu'elle les discute et l'homme apprend à se forger un jugement indépendant pour les choix qui se présentent à lui. Elle offre aussi un secours à ceux qui en ont impérieusement besoin. Car les scientifiques, parce qu'ils suivent la voie de leur conscience, risquent de connaître des moments cruels.

Le bien et le mal

Théoriquement je crois devoir témoigner la plus vive affection à certains êtres, parce qu'ils ont amélioré l'homme et la vie humaine. Mais je m'interroge sur la nature exacte de ces êtres et je vacille. Quand j'analyse très attentivement les maîtres en politique et en religion, je doute violemment sur le sens profond de leur activité. Était-ce le bien ? Était-ce le mal ? En revanche je n'éprouve aucune hésitation devant certains esprits. Ils ne recherchent que les actes nobles et sublimes. Ils passionnent donc les hommes et les exaltent, sans qu'ils s'en rendent compte. Je découvre cette loi pratique dans les grands artistes et ensuite dans les grands savants. Les résultats de la recherche n'exaltent ni ne passionnent. Mais l'effort tenace pour comprendre et le travail intellectuel pour recevoir et pour traduire transforment l'homme.

Qui oserait évaluer le Talmud en termes de quotient intellectuel ?

Religion et science

Toutes les actions et toutes les imaginations humaines cherchent à apaiser les besoins des hommes et à calmer leurs douleurs. Refuser cette évidence, c'est s'interdire de comprendre la vie de l'esprit et son progrès. Car éprouver et désirer constituent les impulsions premières de l'être, avant même de considérer la majestueuse création proposée. Quels sont alors les sentiments et les contraintes qui ont amené les hommes à des pensées religieuses et les ont incités à croire au sens le plus fort du terme ? J'observe assez rapidement que les racines de l'idée et de l'expérience religieuse se découvrent multiples. Chez le primitif par exemple, la crainte suscite des représentations religieuses pour pallier l'angoisse de la faim, la peur des animaux sauvages, des maladies et de la mort. À ce moment de l'histoire de la vie, l'intelligence des relations causales s'avère limitée et l'esprit humain doit s'inventer des êtres plus ou moins à son image. Il reporte sur leur volonté et sur leur puissance les expériences douloureuses et tragiques de son destin. Il pense même se concilier les sentiments de ces êtres par l'exécution de rites ou de sacrifices. Car la mémoire des générations lui fait croire en la puissance propitiatoire du rite pour se concilier ces êtres qu'il a lui-même créés.

La religion se vit d'abord comme angoisse. Elle n'est pas inventée mais essentiellement structurée par la caste sacerdotale s'octroyant le rôle d'intermédiaire entre ces êtres redoutables et le peuple, fondant ainsi son hégémonie. Souvent le chef, le monarque, ou une classe privilégiée, selon les éléments de leur puissance et pour sauvegarder leur souveraineté temporelle, s'associent les fonctions sacerdotales. Ou bien, entre la caste politique dominante et la caste sacerdotale, s'établit une communauté d'intérêts.

Les sentiments sociaux constituent la deuxième cause des fantasmes religieux. Car le père, la mère ou le chef d'immenses groupes humains, tous enfin sont faillibles et mortels. Alors la passion du pouvoir, de l'amour et de la forme incite à imaginer un concept moral ou social de Dieu. Dieu-Providence, il préside au destin, il secourt, récompense et punit. Selon l'imaginaire humain, ce Dieu-Providence aime et favorise la tribu, l'humanité, la vie, il console de l'adversité et de l'échec, il protège les âmes des morts. Voilà le sens de la religion vécue selon le concept social ou moral de Dieu. Dans les Saintes Écritures du peuple juif se manifeste clairement ce passage d'une religion-angoisse à une religion-morale. Les religions de tous les peuples civilisés, particulièrement des peuples orientaux, se découvrent fondamentalement morales. Le progrès d'un degré à l'autre constitue la vie des peuples. Aussi défions-nous du préjugé définissant les religions primitives comme religions d'angoisse et les religions des peuples civilisés comme morales. Toutes les symbioses existent mais la religion-morale prédomine là où la vie sociale atteint un niveau supérieur. Ces deux types de religion traduisent une idée de Dieu par l'imaginaire de l'homme. Seuls des individus particulièrement riches, des communautés particulièrement sublimes s'exercent à dépasser cette expérimentation religieuse. Tous, cependant, peuvent atteindre la religion d'un ultime degré, rarement accessible en sa pureté totale. J'appelle cela religiosité cosmique et je ne peux en parler facilement puisqu'il s'agit d'une notion très nouvelle et qu'aucun concept d'un Dieu anthropomorphe n'y correspond.

L'être éprouve le néant des souhaits et des volontés humaines, découvre l'ordre et la perfection là où le monde de la nature correspond au monde de la pensée. L'être ressent alors son existence individuelle comme une sorte de prison et désire éprouver la totalité de l'Étant comme un tout parfaitement intelligible. Des exemples de cette religion cosmique se remarquent aux premiers moments de l'évolution dans certains psaumes de David ou chez quelques prophètes. À un degré infiniment plus élevé, le bouddhisme organise les données du cosmos que les merveilleux textes de Schopenhauer nous ont appris à déchiffrer. Or les génies religieux de tous les temps se sont distingués par cette religiosité face au cosmos. Elle ne connaît ni dogme ni Dieu conçus à l'image de l'homme et donc aucune Église n'enseigne la religion cosmique. Nous imaginons aussi que les hérétiques de tous les temps de l'histoire humaine se nourrissaient de cette forme supérieure de la religion. Pourtant, leurs contemporains les suspectaient souvent d'athéisme mais parfois, aussi, de sainteté. Considérés ainsi, des hommes comme Démocrite, François d'Assise, Spinoza se ressemblent profondément.

Comment cette religiosité peut-elle se communiquer d'homme à homme puisqu'elle ne peut aboutir à aucun concept déterminé de Dieu, à aucune théologie ? Pour moi, le rôle le plus important de l'art et de la Science consiste à éveiller et à maintenir éveillé ce sentiment dans ceux qui lui sont réceptifs. Nous commençons à concevoir la relation entre la Science et la religion totalement différente de la conception classique. L'interprétation historique présente comme adversaires irréconciliables Science et religion et pour une raison facile à percevoir. Celui qui est convaincu par la loi causale régissant tout événement ne peut absolument pas envisager l'idée d'un être intervenant dans le processus cosmique, pour qu'il raisonne sérieusement sur l'hypothèse de la causalité. Il ne peut trouver un lieu pour un Dieu-angoisse, ni même pour une religion sociale ou morale : il ne peut absolument pas concevoir un Dieu qui récompense et punit puisque l'homme agit selon des lois rigoureuses internes et externes, s'interdisant de rejeter la responsabilité par l'hypothèse-Dieu, tout autant qu'un objet inanimé est irresponsable de ses propres mouvements. Pour cette raison, la Science a été accusée de nuire à la morale. Mais c'est absolument injustifié. Et comme le comportement moral de l'homme se fonde efficacement sur la sympathie et les engagements sociaux, il n'implique nullement une base religieuse. La condition des hommes s'avérerait pitoyable s'ils devaient être domptés par la peur d'un châtiment ou par l'espoir d'une récompense après la mort.

Il est donc compréhensible que les Églises aient, de tous temps, combattu la Science et persécuté ses adeptes. Mais je soutiens vigoureusement que la religion cosmique est le mobile le plus puissant et le plus généreux de la recherche scientifique. Seul celui qui peut évaluer les gigantesques efforts et, avant tout, la passion sans lesquels les créations intellectuelles scientifiques novatrices n'existeraient pas, peut évaluer la force du sentiment qui seul a créé un travail absolument détaché de la vie pratique. Quelle confiance profonde en l'intelligibilité de l'architecture du monde et quelle volonté de comprendre, ne serait-ce qu'une parcelle minuscule de l'intelligence se dévoilant dans le monde, devait animer Kepler et Newton pour qu'ils aient pu éclairer les rouages de la mécanique céleste dans un travail solitaire de nombreuses années. Celui qui ne connaît la recherche scientifique que par ses effets pratiques conçoit trop vite et incomplètement la mentalité des hommes qui, entourés de contemporains sceptiques, ont montré les routes aux individus qui pensaient comme eux. Or ils se trouvaient dispersés dans le temps et l'espace. Seul celui qui a voué sa vie à des buts identiques possède une imagination compréhensive de ces hommes, de ce qui les anime, de ce qui leur insuffle la force de conserver leur idéal, malgré d'innombrables échecs. La religiosité cosmique prodigue de telles forces. Un contemporain déclarait, non sans justice, qu'à notre époque installée dans le matérialisme seuls les esprits profondément religieux se reconnaissent dans les savants scrupuleusement honnêtes.

La religiosité de la recherche

L'esprit scientifique, puissamment armé en sa méthode, n'existe pas sans la religiosité cosmique. Elle se distingue de la croyance des foules naïves qui envisagent Dieu comme un être dont on espère la mansuétude et dont on redoute la punition – une espèce de sentiment exalté de même nature que les liens du fils avec le père –, comme un être aussi avec qui on établit des rapports personnels, si respectueux soient-ils.

Mais le savant, lui, convaincu de la loi de causalité de tout événement, déchiffre l'avenir et le passé soumis aux mêmes règles de nécessité et de déterminisme. La morale ne lui pose pas un problème avec les dieux, mais simplement avec les hommes. Sa religiosité consiste à s'étonner, à s'extasier devant l'harmonie des lois de la nature dévoilant une intelligence si supérieure que toutes les pensées humaines et toute leur ingéniosité ne peuvent révéler, face à elle, que leur néant dérisoire. Ce sentiment développe la règle dominante de sa vie, de son courage, dans la mesure où il surmonte la servitude des désirs égoïstes. Indubitablement, ce sentiment se compare à celui qui anima les esprits créateurs religieux dans tous les temps.

Le paradis perdu

Encore au XVIIe siècle, les scientifiques et les artistes de toute l'Europe se montrent liés par un idéal si étroitement commun que leur coopération était à peine influencée par les événements politiques. L'usage universel de la langue latine consolidait encore cette communauté. Nous songeons aujourd'hui à cette époque comme au paradis perdu. Depuis, les passions nationales ont ravagé la communauté des esprits, et ce lien unitaire du langage a disparu. Les scientifiques, installés, responsables des traditions nationales les plus exaltées, ont même assassiné la communauté.

Aujourd'hui, nous sommes concernés par une évidence catastrophique : les politiques, ces hommes des résultats pratiques, se présentent en champions de la pensée internationale. Ils ont créé la Société des Nations !

La nécessité de la culture morale

J'éprouve le besoin d'adresser à votre « Société pour la culture morale », à l'occasion de son jubilé, des vœux de prospérité et de succès. Ce n'est pas vraiment l'occasion de se rappeler, avec satisfaction, ce qu'un effort honnête a obtenu dans le domaine moral sur une durée de soixante-quinze ans. Car on ne peut prétendre que la formation morale de la vie humaine soit plus parfaite aujourd'hui qu'en 1876.

Alors prédominait l'opinion qu'on pouvait tout espérer de l'explication des faits scientifiques véritables et de la lutte contre les préjugés et la superstition. Oui, cela justifiait pleinement la vie et le combat des meilleurs. En ce sens, beaucoup fut acquis en ces soixante-quinze ans, et beaucoup fut propagé grâce à la littérature et au théâtre.

Mais faire disparaître les obstacles ne conduit pas automatiquement au progrès moral de l'existence sociale et individuelle. Cette action négative exige en plus une volonté positive pour une organisation morale de la vie collective. Cette double action, d'une importance extrême : arracher les mauvaises racines et implanter une nouvelle morale, constituera la vie sociale de l'humanité. Ici la Science ne peut nous libérer. Je crois même que l'exagération de l'attitude férocement intellectuelle, sévèrement orientée sur le concret et le réel, fruit de notre éducation, représente un danger pour les valeurs morales. Je ne pense pas aux risques inhérents aux progrès de la technologie humaine, mais à la prolifération des échanges intellectuels platement matérialistes, comme un gel paralysant les relations humaines.

Le perfectionnement moral et esthétique, l'art plus que la Science peut le vouloir et peut s'efforcer de l'atteindre. La compréhension d'autrui ne progressera qu'avec le partage des joies et des souffrances. L'activité morale implique l'éducation de ces pulsions profondes et la religion se trouve ainsi purifiée de ses superstitions. L'effrayant dilemme de la situation politique s'explique par ce péché d'omission de notre civilisation. Sans culture morale, aucune chance pour les hommes.

Fascisme et science

Lettre au ministre Rocco, à Rome

« Monsieur et très honoré collègue,

Deux hommes, des plus remarquables et des plus réputés parmi les scientifiques italiens, s'adressent à moi dans leur détresse morale et me prient de vous écrire pour éviter la cruelle iniquité menaçant les savants italiens. En effet, ils devraient prêter un serment dans lequel la fidélité au système fasciste doit être exaltée. Je vous prie donc de conseiller à Monsieur Mussolini d'éviter cette humiliation à l'élite de l'intelligence italienne.

Malgré les différences de nos convictions politiques, un point fondamental, je le sais, nous réunit : tous deux nous connaissons et nous aimons, dans les chefs-d'œuvre du développement intellectuel européen, des valeurs suprêmes. Elles exigent liberté d'opinion et liberté d'enseignement parce que la lutte pour la vérité doit précéder toutes les autres luttes. Sur ce fondement essentiel, notre civilisation a pu naître en Grèce et célébrer sa résurrection au temps de la Renaissance en Italie. Ce souverain Bien a été payé par le sang des martyrs, ces hommes intègres et généreux. L'Italie aujourd'hui est aimée et honorée, grâce à eux.

Je n'ai pas l'intention de discuter avec vous des atteintes à la liberté humaine et des possibilités de justification par la raison d'État. Mais le combat pour la vérité scientifique, éloigné des problèmes concrets de la vie quotidienne, devrait être estimé inaccessible au pouvoir politique. N'est-ce pas une sagesse supérieure que laisser vaquer en paix les serviteurs sincères de la vérité ! N'est-ce pas aussi l'intérêt de l'État italien et de sa réputation dans le monde ! »

De la liberté de l'enseignement... à propos du cas Gumbel

Il y a beaucoup de chaires d'enseignement, mais il y a peu de professeurs sages et généreux. Il y a beaucoup de grands amphithéâtres mais il y a peu de jeunes gens sincèrement désireux de vérité et de justice. La nature fournit beaucoup de produits médiocres et rarement des produits plus affinés.

Nous le savons, à quoi bon s'en plaindre ? Il en fut toujours ainsi et il en sera toujours de même. C'est un fait qu'il faut accepter la nature telle qu'elle est. Mais en même temps, chaque époque et chaque génération élaborent leur manière de penser, elles la transmettent et constituent ainsi les empreintes caractéristiques d'une communauté. Aussi chacun doit participer à l'élaboration de l'esprit de son temps.

Comparons l'esprit de la jeunesse universitaire allemande, il y a cent ans et aujourd'hui. Alors on croyait en l'amélioration de la société humaine, alors on estimait toute opinion de bonne foi, et on pratiquait cette tolérance, vécue dans les conflits racontés par nos auteurs classiques. Alors on ambitionnait une plus grande unité politique, elle s'appelait l'Allemagne. Alors la jeunesse universitaire et les maîtres à penser vivaient ces idéaux.

Aujourd'hui également on tend vers le progrès social, on croit à la tolérance et à la liberté, on cherche une plus grande unité politique, l'Europe. Mais aujourd'hui la jeunesse universitaire ne remplit ni les espoirs et les idéaux du peuple, ni ceux des maîtres à penser. Tout observateur de notre époque, sans passion ni parti pris, se doit de le reconnaître ainsi.

Aujourd'hui, nous nous sommes réunis pour nous interroger sur nous-mêmes. Le motif de cette rencontre s'appelle le cas Gumbel. Car cet homme, animé de l'esprit de justice, avec un zèle inaltérable, avec un grand courage et une objectivité exemplaire, a écrit sur un crime politique inexpié. Il rend ainsi par ses ouvrages un immense service à la communauté. Mais aujourd'hui, nous savons que cet homme est attaqué par les étudiants et en partie par le corps professoral de son université.

On essaie même de l'exclure. La passion politique se déchaîne. Or je me porte garant : quiconque lit les ouvrages de H. Gumbel avec un esprit droit ressentira les mêmes impressions que moi-même. Nous avons besoin de personnalités comme la sienne si nous voulons constituer une communauté politique saine.

Que chacun raisonne en son âme et conscience, qu'il se fasse une idée fondée sur ses propres lectures et non d'après les racontars des autres.

Qu'on agisse ainsi et le cas Gumbel, après un début peu glorieux, servira quand même à la bonne cause.

Méthodes d'inquisition modernes

Le problème auquel les intellectuels de ce pays sont confrontés apparaît très grave. Les politiciens réactionnaires ont réussi, en agitant le spectre d'un danger extérieur, à sensibiliser l'opinion publique contre toutes les activités des intellectuels. Grâce à ce premier succès, ils essaient maintenant d'interdire la liberté de l'enseignement et de chasser, de leur poste, les récalcitrants. Cela s'appelle réduire quelqu'un par la faim.

Que doit faire la minorité intellectuelle contre ce mal ? Je ne vois qu'une voie possible : celle, révolutionnaire, de la désobéissance, celle du refus de collaborer, celle de Gandhi. Chaque intellectuel, cité devant un comité, devrait refuser de répondre. Ceci équivaut à être prêt à se laisser emprisonner, à se laisser ruiner financièrement, en bref à sacrifier ses intérêts personnels pour les intérêts culturels du pays.

Le refus ne devrait pas se fonder sur l'artifice bien connu du non-engagement. Mais un citoyen irréprochable n'accepte pas de se soumettre à une telle inquisition, totalement en infraction avec l'esprit de la constitution. Et si quelques intellectuels se manifestent, assez courageux pour choisir cette vie héroïque, ils triompheront. Sinon les intellectuels de ce pays ne méritent pas mieux que l'esclavage qui leur est promis.

Éducation pour une pensée libre

Il ne suffit pas d'apprendre à l'homme une spécialité. Car il devient ainsi une machine utilisable mais non une personnalité. Il importe qu'il acquière un sentiment, un sens pratique de ce qui vaut la peine d'être entrepris, de ce qui est beau, de ce qui est moralement droit. Sinon il ressemble davantage, avec ses connaissances professionnelles, à un chien savant qu'à une créature harmonieusement développée. Il doit apprendre à comprendre les motivations des hommes, leurs chimères et leurs angoisses pour déterminer son rôle exact vis-à-vis des proches et de la communauté.

Ces réflexions essentielles livrées à la jeune génération, grâce aux contacts vivants avec les professeurs, ne s'écrivent absolument pas dans les manuels. Ainsi s'exprime et se forme d'abord toute culture. Quand je conseille ardemment « Les Humanités », c'est cette culture vivante que je recommande, et non pas un savoir desséché, surtout en histoire et en philosophie.

Les excès du système de compétition et de spécialisation prématurée sous le fallacieux prétexte d'efficacité, assassinent l'esprit, interdisent toute vie culturelle et suppriment même les progrès dans les sciences d'avenir. Il importe enfin, pour la réalisation d'une parfaite éducation, de développer l'esprit critique dans l'intelligence du jeune homme. Or la surcharge de l'esprit, par le système de notes, entrave et transforme nécessairement la recherche en superficialité et absence de culture. L'enseignement devrait être ainsi : celui qui le reçoit le recueille comme un don inestimable mais jamais comme une contrainte pénible.

Éducation/éducateur

« Très chère mademoiselle,

J'ai lu environ seize pages de votre manuscrit et j'y ai pris plaisir. Tout cela, intelligent, bien vu, très juste, en un certain sens indépendant mais aussi tellement féminin, c'est-à-dire dépendant et nourri de ressentiments. J'ai, moi aussi, été traité ainsi par mes professeurs qui n'appréciaient pas mon indépendance et m'oubliaient quand ils avaient besoin d'assistants. (J'avoue même qu'étudiant, j'étais plus négligent que vous.) Mais ce ne serait pas utile d'écrire quoi que ce soit sur cette période de ma vie et je n'aurais pas aimé assumer la responsabilité d'inciter quelqu'un à l'imprimer ou à le lire. On joue un mauvais rôle quand on se plaint d'autrui alors qu'à côté de nous il envisage la vie d'une autre manière.

Oubliez de régler vos comptes avec un passé désagréable et gardez votre manuscrit pour vos enfants. Ils s'en réjouiront et se moqueront de ce que diront ou penseront leurs professeurs.

Enfin, je ne suis à Princeton que pour la recherche scientifique et non pour la pédagogie. On en traite trop, surtout dans les écoles américaines. Or il n'existe pas d'autre éducation intelligente que d'être soi-même un exemple, même si l'on ne pouvait empêcher que ce fût un monstre ! »

Aux écoliers japonais

Je vous adresse mes salutations à vous, écoliers japonais, car j'ai des raisons particulières pour le faire. En effet, j'ai visité moi-même votre beau pays, ses villes, ses maisons, ses montagnes et forêts et j'y ai vu les enfants japonais y découvrir l'amour de la patrie. J'ai toujours sur ma table un gros livre rempli de dessins coloriés par vous.

Quand vous recevrez cette lointaine lettre, méditez simplement cette idée. Notre époque permet à des hommes de différents pays la collaboration dans un esprit fraternel et compréhensif. Jadis les peuples vivaient dans une incompréhension réciproque, ils se redoutaient, ou même se haïssaient. Que ce sentiment de compréhension fraternelle prenne de plus en plus racine dans les peuples ! Moi l'ancien, et de très loin, je salue les écoliers japonais : puisse votre génération nous faire un jour honte !

Maîtres et élèves

Une allocution à des enfants

C'est le rôle essentiel du professeur d'éveiller la joie de travailler et de connaître. Chers enfants je me réjouis de vous voir aujourd'hui devant moi, jeunesse joyeuse d'un pays ensoleillé et béni.

Songez que toutes les merveilles, objets de vos études, expriment l'œuvre de plusieurs générations, une œuvre collective exigeant de tous un effort enthousiaste et une peine certaine. Tout cela, dans vos mains, devient un héritage. Vous le recevez, vous le respectez, vous l'accroissez et plus tard, vous le transmettez fidèlement à votre descendance. Nous sommes ainsi des mortels immortels parce que nous créons ensemble des œuvres qui nous survivent.

Si vous y réfléchissez sérieusement, vous trouverez alors un sens à la vie et à son progrès. Et votre jugement sur les autres hommes et les autres époques s'affirmera plus vrai.

Les cours de haut enseignement de Davos

Senatores boni viri, senatus autem bestia. Un professeur suisse de mes amis écrivait un jour, de cette plaisante façon, à une faculté universitaire qui l'avait irrité. Les communautés se soucient moins des problèmes de responsabilité et de conscience que les individus. Or les événements de la vie, les guerres, les répressions de toute sorte traumatisent l'humanité souffrante, gémissante, exaspérée.

Et pourtant, seule une coopération au-delà des sentiments pourrait établir quelque chose de valable. La plus grande joie pour un ami des hommes réside là : au prix de terribles sacrifices, une entreprise collective s'organise avec pour unique objectif le développement de la vie et de la civilisation.

Cette joie extrême m'a été offerte quand j'ai entendu parler des cours de haut enseignement de Davos, de cette œuvre de sauvetage, intelligemment conçue et habilement maîtrisée, correspondant à une grave nécessité qu'on ne percevait pas immédiatement.

En effet beaucoup de jeunes gens viennent ici, dans cette vallée merveilleusement ensoleillée pour y retrouver la santé. Mais retiré du travail et de sa discipline fortifiante, abandonné aux morosités dépressives, le malade perd progressivement son dynamisme mental, et le sentiment de sa fonction essentielle dans la lutte pour la vie. Il devient, d'une certaine manière, une plante de serre chaude et même après la guérison du corps, retrouve souvent difficilement la voie de la normalité. Tel est le cas de la jeunesse étudiante. La rupture de l'entraînement intellectuel dans les années déterminantes pour la formation provoque un retard, difficilement rattrapable plus tard.

Cependant, en général, un travail intellectuel modéré ne nuit pas à la santé. Il rend même indirectement service, en quelque sorte comme un exercice physique raisonnable. Ces cours de haut enseignement ont donc été créés en cet esprit. Selon cette conviction ils ambitionnent pour vous une formation professionnelle préparatoire mais aussi une nouvelle stimulation d'activité. Ce programme intellectuel propose du travail, de la méthode et des règles de vie.

N'oubliez pas que cette institution, dans une mesure très appréciable, contribue à établir des relations entre des hommes de nations différentes, pour renforcer le sentiment d'appartenance à une même communauté. L'efficacité de cette nouvelle institution dans cette voie pourrait être d'autant plus avantageuse que les circonstances de sa création soulignent assez le refus de toute position politique. On sert d'autant mieux la cause de la compréhension internationale qu'on participe à une œuvre pour promouvoir la vie.

Je me réjouis de réfléchir à ce programme. Car l'énergie et l'intelligence ont présidé à la création des cours de haut enseignement de Davos et l'entreprise a déjà franchi le cap des difficultés inhérentes à toute fondation. Puisse-t-elle prospérer, offrir à beaucoup un enrichissement intérieur, et supprimer aussi l'austérité de la vie au sanatorium !

Allocution prononcée sur la tombe de H. A. Lorentz (1853-1928)

Représentant les savants du pays d'expression allemande, plus spécialement de l'Académie des Sciences de Prusse, mais surtout disciple et admirateur passionné, me voici devant la tombe du plus exceptionnel et du plus généreux de nos contemporains. Son esprit lumineux a éclairé le tracé entre la théorie de Maxwell et les créations de la physique actuelle, à laquelle il a contribué par d'importants travaux où il a imposé des résultats, mais surtout ses méthodes.

Il a accompli sa vie avec une perfection minutieuse comme un chef-d'œuvre de très grand prix. Inlassablement sa bonté, sa magnanimité et son sens de la justice, associés à une intuition fulgurante sur les hommes et les situations ont fait de lui, partout où il travaillait, le Maître. Tous l'écoutaient avec joie parce qu'ils comprenaient qu'il ne cherchait pas à s'imposer mais à servir. Son œuvre, son exemple continueront à agir pour éclairer et guider les générations.

L'activité de H. A. Lorentz au service de la coopération internationale

Avec l'énorme spécialisation engendrée par la recherche scientifique et imposée par le XIXe siècle, des individualités de premier rang dans leur domaine propre ont rarement la possibilité et le courage de rendre d'éminents services à la communauté au niveau des instances politiques internationales. Car cela implique une grande puissance de travail, une vive intelligence et une réputation fondée sur des travaux d'envergure. Cela exige aussi une indépendance de préjugés nationaux bien rare de nos jours et, enfin, un dévouement aux buts communs à tous. Je n'ai jamais connu quelqu'un comme H. A. Lorentz qui unisse toutes ces qualités et de façon si exemplaire. Mais il fait preuve dans son activité d'un autre mérite : les personnalités indépendantes et d'un caractère tranché, on les rencontre souvent parmi les savants et elles ne s'inclinent pas volontiers devant une autorité étrangère et ne se laissent pas diriger aisément. Mais quand Lorentz remplit les fonctions de président, alors s'établit une atmosphère de joyeuse coopération, même si les hommes rassemblés se séparent quant aux intentions et aux manières de penser. Le secret de cette réussite ne s'explique pas uniquement par la compréhension immédiate des êtres et des faits ou par une maîtrise absolue de l'expression ; mais avant tout, on perçoit que H. A. Lorentz se livre entièrement au service en question et qu'il n'est pénétré que de cette nécessité. Rien ne désarme autant les intraitables qu'agir ainsi.

Avant la guerre, l'activité de H. A. Lorentz au service des relations internationales se limitait aux présidences des congrès de physique. Rappelons les deux congrès Solvay, tenus à Bruxelles (1909-1911). Puis ce fut la guerre européenne, le coup le plus terrible à concevoir pour tous ceux qui se préoccupaient des progrès des relations humaines. Déjà pendant la guerre, et bien plus encore après sa conclusion, Lorentz œuvra pour la réconciliation internationale. Ses efforts visaient particulièrement le rétablissement des coopérations profitables et amicales de savants et de sociétés scientifiques. Qui n'a connu une telle entreprise ne peut imaginer sa difficulté. Les rancœurs, nées de la guerre, se perpétuent, et bien des hommes influents persistent dans les positions irréconciliables où ils se sont laissé entraîner sous la pression des événements. L'effort de Lorentz ressemble à celui d'un médecin : il doit soigner un patient intraitable qui refuse de prendre les médicaments attentivement préparés pour sa guérison.

Mais H. A. Lorentz ne se laisse pas décourager quand il a reconnu l'exactitude d'une attitude. Immédiatement après la guerre, il participe à la direction du « Conseil de recherche » fondé par les savants des puissances victorieuses, à l'exclusion des savants et des corps scientifiques des puissances centrales. Par cette démarche, critiquée par les savants des puissances centrales, il poursuivait le but d'influer sur cette institution pour qu'elle devienne, en s'élargissant, réellement et efficacement internationale. Après des efforts répétés, il réussit, avec d'autres savants acquis à la même politique, à faire supprimer des statuts du Conseil ce tristement célèbre paragraphe d'exclusion des savants des pays vaincus. Mais son but, le rétablissement d'une coopération normale et fructueuse des savants et des sociétés scientifiques, n'a pas encore été atteint parce que les savants des Puissances centrales, aigris d'avoir été dix ans durant éliminés de toutes les organisations scientifiques internationales, ont pris l'habitude d'une prudente réserve. Il reste pourtant un espoir vivace : les efforts de Lorentz, volonté de conciliation mais aussi compréhension de l'intérêt supérieur, réussiront à dissiper les malentendus.

H. A. Lorentz utilise enfin ses forces d'une autre manière pour le service des objectifs intellectuels internationaux. Il accepte d'être élu à la commission de coopération intellectuelle internationale de la S.D.N. créée, il y a cinq ans, sous la présidence de Bergson. Depuis un an, H. A. Lorentz la préside et, avec l'appui efficace de l'Institut de Paris toujours sous sa direction, il oriente une action de médiation des divers centres culturels dans le domaine intellectuel et artistique. Là encore, l'influence efficace de sa personnalité intelligente, accueillante et simple permettra de maintenir le bon cap. Sa devise, sans discours mais en actes, s'écrit « ne pas dominer, mais servir » !

Que son exemple contribue à faire régner ce climat intellectuel !

H. A. Lorentz, créateur et personnalité

Au tournant du siècle, H. A. Lorentz a été considéré par les théoriciens physiciens de tous les pays comme un maître et à juste titre. Les physiciens des jeunes générations ne réalisent pas exactement le rôle décisif joué par H. A. Lorentz dans l'élaboration des idées fondamentales pour la théorie physique. Situation incompréhensible mais authentique ! Insensiblement, les idées fondamentales de Lorentz nous sont devenues si familières que nous oublions leur rôle novateur et la simplification des théories élémentaires rendue possible grâce à elles.

Quand H. A. Lorentz débuta, la théorie de l'électromagnétisme de Maxwell commençait à s'imposer. Mais cette théorie présentait une curieuse complexité des éléments de base, au point de masquer les traits essentiels. La notion de champ avait remplacé la notion d'action à distance, et les champs électrique et magnétique n'étaient pas encore considérés comme des réalités primitives mais plutôt comme des moments de la matière pondérale qu'on traite comme des continus. Le champ électrique paraissait, par conséquent, être décomposé en vecteur de la force du champ électrique et vecteur du déplacement diélectrique. Ces deux champs étaient, dans l'hypothèse la plus simple, reliés par la constante diélectrique, mais furent en principe considérés et traités comme des réalités indépendantes. Il en était de même pour le champ magnétique. D'après cette conception fondamentale, on traitait l'espace vide comme un cas spécial de la matière pondérale où le rapport entre force de champ et déplacement se découvrait particulièrement simple. D'où la conséquence que le champ électrique et le champ magnétique ne pouvaient pas être considérés indépendants de l'état de mouvement de la matière, considérée comme porteur du champ.

Après avoir étudié la recherche de H. Hertz sur l'électrodynamique des corps en mouvement, on saisira alors beaucoup mieux et synthétiquement la conception de l'électrodynamique de Maxwell alors prévalente.

C'est là que l'intelligence de H. A. Lorentz s'exerce efficacement. Il nous aide à progresser et à nous dépasser. Avec une logique très serrée, il appuie son raisonnement sur les hypothèses suivantes : le siège du champ électromagnétique, c'est l'espace vide. Dans cet espace il n'y a *qu'un* vecteur du champ électrique, et *qu'un* vecteur du champ magnétique. Ce champ est produit par les charges électriques atomiques sur lesquelles le champ exerce à son tour les forces pondéromotrices. Une liaison du champ électromoteur avec la matière pondérale se produit uniquement parce que les charges élémentaires électriques sont rigidement liées aux particules atomiques de la matière. Mais pour la matière, la loi du mouvement de Newton reste valable.

Sur cette base ainsi simplifiée, Lorentz fonde une théorie complète de tous les phénomènes électromagnétiques alors connus, ainsi que ceux de l'électrodynamique des corps en mouvement. C'est une œuvre d'une extrême logique, très claire et très belle. De tels résultats, dans une science expérimentale, sont rarement atteints. Le seul phénomène non explicable par la théorie, c'est-à-dire sans hypothèses supplémentaires, s'appelle alors la célèbre expérience Michelson-Morley. Or sans la localisation du champ électromagnétique dans l'espace vide, cette expérience ne peut conduire à la théorie de la relativité restreinte. Le progrès décisif consiste à appliquer les équations de Maxwell à l'espace vide ou, comme on disait alors, à l'éther.

H. A. Lorentz a même trouvé la transformation qui porte son nom, « transformation de Lorentz », sans y observer des caractères de groupe. Pour lui, les équations de Maxwell pour l'espace vide n'étaient applicables que pour un système de coordonnées déterminé, celui qui paraissait se distinguer par son repos relativement à tous les autres systèmes de coordonnées. Ceci présentait une situation vraiment paradoxale parce que la théorie paraissait restreindre le système d'inertie plus étroitement que la mécanique classique. Cette circonstance inexplicable d'un point de vue empirique *devait* conduire à la théorie de la relativité restreinte.

Grâce à l'amicale invitation de l'Université de Leyde, j'ai souvent séjourné dans cette ville et, chaque fois, je logeais chez mon cher et inoubliable ami Paul Ehrenfest. J'ai ainsi eu l'occasion d'assister aux conférences de Lorentz pour un petit cercle de jeunes collègues, alors qu'il s'était déjà retiré de l'enseignement général. Tout ce qui venait de cet esprit supérieur était clair et beau comme une œuvre d'art et on avait l'impression que sa pensée s'exprimait facilement et aisément. Je n'ai jamais revécu une telle expérience. Si nous les jeunes, n'avions connu H. A. Lorentz que comme un esprit particulièrement lucide, notre admiration et notre estime auraient déjà été uniques. Mais ce que je ressens, quand je pense à Lorentz, est totalement différent de cela. Il était pour moi personnellement plus que tous les autres que j'ai rencontrés dans ma vie.

Il maîtrisait la physique et la mathématique et, de la même manière, il se maîtrisait lui-même sans difficulté et avec une sérénité constante. Son absence extraordinaire de faiblesse humaine ne déprimait jamais ses semblables. Chacun ressentait sa supériorité mais nul n'en était accablé. Bien qu'il devinât les hommes et les situations, il gardait une extrême courtoisie. Il n'agissait jamais par contrainte mais par esprit de service et d'entraide. Extrêmement consciencieux, il accordait à chaque chose l'importance requise, mais sans plus. Un humour très enjoué le protégeait. Ses yeux et son sourire s'amusaient. Bien qu'il fût totalement dévoué à la connaissance scientifique, il restait convaincu que notre compréhension ne peut aller très loin dans l'essence des choses. Cette attitude, mi-sceptique mi-humble, je ne l'ai vraiment comprise qu'à mon âge plus avancé.

Le langage, ou du moins le mien, ne peut pas répondre correctement aux exigences de cet essai de réflexion à propos de H. A. Lorentz. Je voudrais alors essayer de rappeler deux courtes sentences de Lorentz. Elles m'ont profondément influencé : « Je suis heureux d'appartenir à une nation trop petite pour commettre de grandes folies. » Dans une conversation, pendant la

Première Guerre mondiale, à un homme qui tentait de le persuader que les destins se forgent par la force et la violence, il répondit : « Vous avez peut-être raison, mais je ne voudrais pas vivre dans un tel univers. »

Josef Popper-Lynkeus

Il était plus qu'un ingénieur et qu'un écrivain. Il faisait partie de ces quelques personnalités marquantes, âme et conscience d'une génération. Il nous a persuadés que la société est responsable du destin de chaque individu et il nous a indiqué comment concrétiser cette obligation morale. La communauté ou l'État n'incarnent pas de vrais symboles car un droit se fonde ainsi : si l'État exige une abnégation de l'individu, s'il en a le droit, en revanche il doit fournir à l'individu la possibilité d'un développement harmonieux.

Soixante-dixième anniversaire d'Arnold Berliner

J'aimerais dire ici à mon ami Arnold Berliner et aux lecteurs de sa revue *Les Sciences de la nature* pourquoi je l'apprécie, lui et son œuvre, si violemment. Il faut d'ailleurs que je le dise ici, sinon je n'en aurai plus l'occasion. Notre éducation objective a rendu « tabou » tout ce qui est personnel, et un humain ne peut qu'à certaines occasions exceptionnelles, comme celle-ci, transgresser cette règle.

Après m'être justifié comme maintenant, je reviens sur terre dans le monde objectif. Le domaine des faits scientifiquement analysés s'est prodigieusement étendu et la connaissance théorique s'est approfondie au-delà du prévisible. Mais la capacité humaine de compréhension est et reste liée à des limites étroites. Il s'avère donc inéluctable que l'activité d'un seul chercheur se réduise à un secteur de plus en plus restreint par rapport à l'ensemble des connaissances. En conséquence, toute spécialisation interdirait une simple intelligence générale de l'ensemble de la Science, indispensable cependant à la vigueur de l'esprit de recherche et, en conséquence, elle éloignerait inexorablement des autres développements de l'évolution. Se constituerait ainsi une situation analogue à celle décrite dans la Bible, de façon symbolique, avec l'histoire de la tour de Babel. Tout chercheur sérieux éprouve un jour cette évidence douloureuse de la limitation. Malgré lui, il voit le cercle de son savoir se rétrécir de plus en plus. Il perd alors le sens des grandes architectures et se transforme en ouvrier aveugle dans un immense ensemble.

Nous avons tous été accablés par cette servitude ; mais que faire pour nous en libérer ! Arnold Berliner, lui, invente pour les pays de langue allemande un outil d'une utilité exemplaire. Il réalise que les publications populaires existantes suffisaient pour la vulgarisation et la stimulation des esprits profanes. Mais il comprend qu'un journal, systématiquement dirigé avec le plus grand soin, s'impose pour les connaissances scientifiques des savants. Ceux-ci veulent connaître et comprendre l'évolution des problèmes, les méthodes et les résultats pour pouvoir se former eux-mêmes un jugement. Il poursuit ce but durant de longues années, intelligemment et inlassablement, et il nous a comblés, nous et la Science. Nous ne saurons jamais lui être assez reconnaissants de ce service.

Il devait obtenir la collaboration d'auteurs scientifiques à succès mais aussi les contraindre à exposer leur sujet sous la forme la plus accessible possible même pour un non-initié. Il m'a souvent parlé des problèmes à surmonter pour arriver à son but et, un jour, il m'a défini son type de difficulté par cette devinette : « Qu'est-ce qu'un auteur scientifique ? » Réponse : « Un croisement entre un mimosa et un porc-épic. » L'œuvre de Berliner existe. Car il avait la passion des vues claires dans les domaines les plus vastes possible. Ce désir l'anima toute sa vie. Et cette volonté passionnée le contraignit à composer très assidûment, pendant très longtemps, un traité de physique dont un étudiant en médecine me disait très récemment : « Sans ce livre, je ne sais comment j'aurais pu comprendre les principes de la physique nouvelle, vu le temps dont je disposais. »

La lutte de Berliner pour des synthèses claires nous a singulièrement permis de comprendre de façon vivante les problèmes actuels, les méthodes et les résultats des sciences. Son journal reste indispensable à la vie scientifique de nos contemporains. Rendre vivante, maintenir vivante cette connaissance est plus important que résoudre un cas particulier.

Salutations à G. B. Shaw

Rares sont les esprits assez maîtres d'eux-mêmes pour voir les faiblesses et les folies de leurs contemporains sans tomber dans les mêmes pièges. Mais ces solitaires perdent rapidement courage et l'espérance d'une amélioration morale parce qu'ils ont appris à connaître l'endurcissement des hommes. Il n'est donné qu'à un très petit nombre, par leur humour délicat, par leur état de grâce, de fasciner leur génération et de présenter la vérité sous l'aspect impersonnel de la forme artistique. Je salue aujourd'hui, avec ma plus vive sympathie, le plus grand maître en ce genre. Il nous a tous ravis et instruits.

B. Russell et la pensée philosophique

Quand la rédaction m'invita à écrire quelque chose sur Bertrand Russell, mon admiration et mon estime pour lui m'incitèrent à accepter tout de suite. Je dois à la lecture de ses œuvres d'innombrables moments de bonheur, ce que – abstraction faite de Thorstein Veblen – je ne puis m'avouer d'aucun autre écrivain scientifique contemporain. Mais j'ai réalisé vite qu'il était plus facile de promettre que de tenir. Or j'ai promis d'écrire quelques idées sur Russell philosophe et théoricien de la connaissance. Et quand j'ai commencé à rédiger, plein de confiance, j'ai vite découvert sur quel terrain glissant je m'étais engagé. Car je suis un écrivain inexpérimenté ne m'aventurant jusqu'ici prudemment qu'en physique. Pour l'initié, donc, la plus grande partie de mon article risque de paraître puérile, je le reconnais par avance. Mais je me réconforte par cette pensée. Qui a fait l'expérience de penser dans un autre domaine l'emporte toujours sur celui qui ne pense pas du tout ou très peu.

Dans l'histoire de l'évolution de la pensée philosophique à travers les siècles, cette question tient la place essentielle : Quelles connaissances la pensée pure, indépendamment des impressions sensorielles, peut-elle offrir ? Est-ce que de telles connaissances existent ? Sinon, quel rapport s'établit entre notre connaissance et la matière brute, origine de nos impressions sensibles ? À ces questions et à quelques autres étroitement liées correspond un désordre d'opinions philosophiques, absolument inimaginables. Or, dans cette progression d'efforts méritants mais relativement inefficaces, une ligne ineffaçable se trace et se reconnaît : un scepticisme croissant se manifeste devant toute tentative de chercher à expliquer par la pensée pure « le monde objectif », le monde des « objets » opposé au monde simplifié des « représentations et des pensées ». Précisons ici que, comme pour un philosophe classique, les guillemets (« ») sont employés pour introduire un concept fictif que le lecteur, momentanément, accepte, bien que réfuté par la critique philosophique.

La croyance élémentaire de la philosophie en sa genèse assigne à la pensée pure la possibilité de découvrir toute connaissance nécessaire. C'était une illusion, chacun peut aisément le comprendre, s'il oublie provisoirement les acquis ultérieurs de la philosophie et de la science physique. Pourquoi s'en étonner quand Platon accorde à l'« Idée » une réalité supérieure à celle des objets empiriquement expérimentés ? Spinoza, Hegel s'inspirent du même sentiment et raisonnent fondamentalement de même. On pourrait presque se poser la question : Sans cette illusion, est-il possible dans la pensée philosophique d'inventer quelque chose de grand ? Mais oublions cette interrogation.

Face à cette illusion, assez aristocratique, de la puissance de perception illimitée de la pensée, existe une autre illusion assez plébéienne, le réalisme simplet, selon lequel les objets « sont » la pure vraisemblance de nos sens. Cette illusion occupe l'activité quotidienne des hommes et des animaux. À l'origine, les sciences s'interrogent ainsi, surtout les sciences physiques.

Les victoires sur ces deux illusions ne se séparent point. Éliminer le réalisme simplet reste relativement facile. Russell définit très caractéristiquement ce moment de la pensée dans l'introduction de son livre *An Inquiry into Meaning and Truth* :

« Nous commençons tous avec le réalisme naïf, c'est-à-dire avec la doctrine que les objets sont tels qu'ils paraissent. Nous admettons que l'herbe est verte, que la neige est froide et que les pierres sont dures. Mais la physique nous assure que le vert des herbes, le froid de la neige et la dureté des pierres ne sont pas le même vert, le même froid et la même dureté que nous connaissons par notre expérience, mais quelque chose de totalement différent. L'observateur qui prétend observer une pierre observe, en réalité, si nous voulons ajouter foi à la physique, les impressions des pierres sur lui-même. C'est pourquoi la science paraît être en contradiction avec elle-même ; quand elle se considère comme étant extrêmement objective, elle plonge contre sa volonté dans la subjectivité. Le réalisme naïf conduit à la physique, et la physique montre, de son côté, que ce réalisme naïf, dans la mesure où il reste conséquent, est faux. Logiquement faux, donc faux. »

Mis à part leur parfaite formulation, ces lignes expriment quelque chose à laquelle je n'avais jamais songé. Pour un regard superficiel, la pensée de Berkeley et de Hume apparaît l'opposé même de la pensée scientifique. Mais la pensée précédente de Russell dévoile un rapport. Berkeley insiste sur le fait que nous ne saisissons pas directement les « objets » du monde extérieur par nos sens, mais que les organes de nos sens sont affectés par des phénomènes liés causalement à la présence des « objets ». Or cette réflexion entraîne la conviction en raisonnant déjà comme la science physique. Si l'on suspecte la manière de penser physique même en ses grandes lignes, il n'y a aucune raison d'imposer quelque chose entre l'objet et l'acte de voir qui isole le sujet de l'objet et rend problématique « l'existence des objets ».

La même technique de réflexion en science physique et les résultats ainsi obtenus ont bouleversé la traditionnelle possibilité de comprendre les objets et leurs rapports par le biais unique de la pensée spéculative. Peu à peu, la conviction s'établissait que toute connaissance sur les objets était inexorablement une transformation de la matière brute offerte par les sens. Sous cette présentation générale (explicitée intentionnellement en termes vagues), cette proposition est communément acceptée. Cette conviction repose ainsi sur une double preuve : l'impossibilité d'acquérir des connaissances réelles par la pure pensée spéculative mais surtout la découverte des progrès des connaissances par la voie empirique. D'abord Galilée et Hume ont justifié ce principe avec une perspicacité et une détermination totales.

Hume comprenait bien que des concepts, jugés essentiels par nous-mêmes – par exemple la relation causale –, ne peuvent pas être obtenus à partir de la matière fournie par les sens. Cette intelligence le conduit à un scepticisme intellectuel vis-à-vis de toute connaissance. Quand on lit ses ouvrages, on s'étonne qu'après lui tant de philosophes, en général bien considérés, aient pu rédiger tant de pages si confuses tout en trouvant des lecteurs reconnaissants. Hume a cependant marqué de son influence les meilleurs de ses successeurs. Et on le retrouve dans la lecture des analyses philosophiques de Russell : ce style précis et cette expression simple sont ceux mêmes de Hume.

L'homme aspire profondément à une connaissance certaine. Et, pour cette raison, le sens de l'œuvre de Hume nous bouleverse. La matière brute sensible, l'unique source de notre connaissance nous modifie, nous fait croire, espérer. Mais elle ne peut pas nous conduire au savoir et à l'intelligence de relations dévoilant des lois. Kant propose alors une pensée. Sous la forme présentée elle est indéfendable mais elle marque un progrès net pour résoudre le dilemme de Hume. « L'empirique, dans la connaissance, n'est jamais certain » (Hume). Si nous voulons des connaissances certaines, nous devons les fonder en raison. Tel est le cas de la géométrie, tel est celui du principe de causalité. Ces connaissances plus quelques autres forment une partie de notre instrument-pensée. Elles ne doivent pas, par conséquent, être obtenues par les sens. Ce sont les connaissances *a priori*.

Aujourd'hui chacun sait, bien évidemment, que les fameuses connaissances n'ont rien de certain, rien d'intimement nécessaire, comme le croyait Kant. Mais Kant a placé le problème sous l'angle de cette constatation. Nous utilisons un certain droit pour penser de tels concepts que la matière expérimentale sensible ne peut nous donner, si nous restons sur le plan logique face au monde de l'objet.

Je pense qu'il faut encore dépasser cette position. Les concepts apparaissant dans notre pensée et dans nos expressions de langage sont – d'un point de vue logique – pures créations de l'esprit et ne peuvent pas provenir inductivement des expériences sensibles. Ceci n'est pas si simple à admettre parce que nous unissons concepts certains et liaisons conceptuelles (propositions) aux expériences sensibles si profondément habituelles que nous perdons conscience de l'abîme logiquement insurmontable entre le monde du sensible et celui du conceptuel et de l'hypothétique.

Ainsi, incontestablement, la série des nombres entiers marque une invention de l'esprit humain, un instrument créé par lui pour faciliter et ordonner certaines expériences sensibles. Il n'existe aucune possibilité de dégager ce concept de l'expérience sensible elle-même. Je choisis exprès la notion du nombre parce qu'elle appartient à la pensée préscientifique et que son caractère opératoire reste ici facilement identifiable. Mais plus nous nous approchons des concepts élémentaires dans la vie quotidienne, plus la masse des habitudes enracinées nous embarrasse pour reconnaître le concept comme création originale de l'esprit. Ainsi s'est élaborée une conception fatalement et gravement erronée pour l'intelligence des rapports réels et immédiats : les concepts se constitueraient à partir de l'expérience puis de l'abstraction mais c'est ainsi qu'ils perdent une partie de leur contenu. Je voudrais démontrer pourquoi cette conception m'apparaît si erronée.

Si l'on accepte la critique de Hume, on formule vite l'idée que tout concept ou toute hypothèse doivent être rejetés de l'esprit comme « métaphysiques », puisque non extraits de la matière brute sensible. Car toute pensée ne reçoit son contenu matériel qu'à travers sa relation au monde sensible. Cette idée, je la trouve parfaitement exacte, en revanche une construction systématisant ainsi la pensée me paraît fausse. Car cette prétention logique et poussée à l'extrême exclurait inévitablement toute pensée comme métaphysique.

Pour que la pensée ne dégénère pas en métaphysique, c'est-à-dire en verbiage, il faut qu'un nombre suffisant de propositions d'un système conceptuel soit relié de façon certaine aux expériences sensibles et que le système conceptuel, en sa fonction essentielle d'ordonner et de synthétiser le vécu sensible, révèle la plus grande unité, la plus grande économie possible. Après tout, le « système » exprime un libre jeu (logique) de symboles au moyen de règles (logiques) arbitrairement données. De la même manière, tout cela se manifeste valable pour traduire le quotidien ; et même pour penser les sciences, sous une forme plus consciente et plus systématique.

Ce que je vais dire alors devient plus clair : Hume, par sa lucide critique, permet un progrès décisif de la philosophie. Mais il cause, sans responsabilité de sa part, un réel danger, parce que cette critique suscite une « peur de la métaphysique » erronée, soulignant un vice de la philosophie empirique contemporaine. Ce vice correspond à l'autre extrême de la philosophie nuageuse de l'Antiquité quand elle croyait pouvoir se passer de données sensibles, voire les mépriser.

Malgré mon admiration pour l'analyse perspicace offerte par Russell dans *Meaning and Truth*, je crains que, là aussi, le spectre de la peur métaphysique n'ait causé quelque dégât. Cette angoisse m'explique, par exemple, le rôle de la raison pour concevoir la « chose » comme un « faisceau de qualités », qualités devant être empruntées à la matière pure sensible. Ce fait (deux choses doivent être évaluées comme une seule et même chose si elles correspondent respectivement en leurs qualités) nous contraint à évaluer les relations géométriques des objets comme des qualités.

(Autrement on serait obligé, d'après Russell, de déclarer « la même chose » la tour Eiffel à Paris et la tour de New York.) Face à cela, je ne vois pas de danger « métaphysique » à accueillir l'objet (objet au sens de la physique) comme un concept indépendant dans le système lié à la structure spatio-temporelle lui appartenant.

Tenant compte de ces efforts, je suis heureux en plus de découvrir au dernier chapitre qu'on ne peut se passer de « métaphysique ». Mon unique critique éclaire cette mauvaise conscience intellectuelle, qu'on ressent à travers les lignes.

Les interviewers

Si, publiquement, on vous demande une justification pour tout ce que vous avez déclaré, même en plaisantant, dans un moment d'humeur capricieuse ou de dépit momentané, c'est, en général, désagréable, mais après tout normal. Mais si, publiquement, on vous demande une justification pour ce que d'autres ont déclaré en votre propre nom, sans que l'on puisse l'interdire, alors votre situation se découvre pitoyable. « Qui serait donc tant à plaindre ? » interrogez-vous. En fait, tout homme dont la popularité suffit à justifier la visite des interviewers ! Vous restez sceptiques ! J'ai tellement d'expérience à ce sujet que je n'hésite pas à vous la livrer.

Imaginez, un matin, un reporter vous rend visite et vous prie aimablement de donner votre opinion sur votre ami N. Vous vous sentez d'abord comme irrité devant une telle prétention. Mais vous réalisez vite qu'il n'existe aucune échappatoire. Car si vous refusez une réponse, cela donnera ceci : « J'ai interrogé l'homme qui passe pour le meilleur ami de N. mais il s'est prudemment récusé. » De cette attitude, le lecteur tirera d'inévitables conclusions. Alors, puisqu'il n'existe aucune échappatoire, vous déclarez :

« N. a un caractère gai, franc, aimé de tous ses amis. Il sait voir le bon côté de chaque situation. Il peut prendre des responsabilités et arrive à les réaliser sans restriction de temps. Son métier le passionne, mais il aime sa famille et donne à sa femme tout ce qu'il a... »

Cela donnera : « N. ne prend rien trop au sérieux. Il possède le rare talent de se faire aimer par tous, et il s'y ingénie par un comportement exubérant et flatteur. Mais il est tellement esclave de son métier qu'il ne peut réfléchir à des sujets personnels ou s'intéresser à des questions étrangères à sa recherche. Il gâte sa femme outre mesure, esclave aboulique de ses désirs... »

Un véritable professionnel du reportage dirait même tout cela dans un style encore plus percutant. Mais pour vous et votre ami N., c'est hélas suffisant. Car le lendemain, dans le journal, N. lit cela et d'autres phrases du même genre et sa colère contre vous éclate, illimitée, malgré son caractère gai et franc. L'offense qu'on lui a faite vous bouleverse profondément, car vous aimez réellement votre ami.

Eh bien, mon ami, que faites-vous dans cette situation ? Si vous découvrez une méthode, je vous en supplie, communiquez-la-moi pour que je puisse l'appliquer immédiatement.

Félicitations à un critique

Voir avec ses propres yeux, sentir et juger sans succomber à la fascination de la mode du jour, pouvoir dire ce qu'on a vu, ce qu'on a ressenti dans un style succinct ou dans une expression artistement ciselée, quelle merveille ! Faut-il en plus vous féliciter ?

Mes premières impressions de l'Amérique du Nord

Je dois tenir ma promesse de livrer en quelques mots mes impressions sur l'Amérique du Nord. Ce n'est pas si simple. Car il n'est jamais simple de juger en observateur impartial quand on a été accueilli avec autant d'affection et d'estime exagérée que moi en Amérique.

Aussi, une précision préalable :

Le culte de la personnalité reste à mes yeux toujours injustifié. Certes, la nature répartit ses dons de façon très diverse entre ses enfants. Mais, Dieu merci, il existe un grand nombre d'enfants généreusement doués et la plupart mènent une vie paisible et sans histoire. Cela me semble donc injuste et même de mauvais goût, de voir un petit nombre de gens encensés sans mesure, et gratifiés en plus de forces surhumaines d'intelligence et de caractère. Telle est ma destinée ! Or il existe un contraste grotesque entre les capacités et les pouvoirs que les hommes me reconnaissent et ce que je suis et ce que je peux. La conscience de cet état de choses fallacieux serait insupportable si une superbe contrepartie ne me consolait. Car c'est un signe encourageant pour notre époque, jugée si matérialiste, qu'elle transforme des hommes en héros, alors que les buts de ces héros s'annoncent exclusivement du domaine intellectuel et moral. Ceci prouve que la connaissance et la justice sont estimées par une simple partie de l'humanité supérieures à la fortune et à la puissance. Mes expériences m'ont même montré la prédominance de cette structure idéologique à un degré élevé dans cette Amérique accusée d'être si matérialiste. Après cette digression, je vais traiter mon sujet, mais, je vous en prie, n'accordez pas à mes modestes remarques plus qu'elles ne valent.

Ce qui provoque la première et la plus vive admiration chez un visiteur, c'est l'effarante supériorité technique et rationnelle de ce pays. Même les objets d'usage courant sont plus résistants et plus solides qu'en Europe, et les maisons tellement plus fonctionnelles ! Tout y est calculé pour économiser le travail humain. Car le prix du travail humain est élevé puisque le pays est peu peuplé, par rapport aux ressources naturelles. Mais ce prix élevé de la main-d'œuvre humaine stimule et développe fabuleusement les moyens techniques et les méthodes de travail. Par contraste on songe à l'Inde ou à la Chine surpeuplées où le prix dérisoire de la main-d'œuvre humaine a empêché le développement des moyens techniques. L'Europe occupe une position intermédiaire. Quand le machinisme se développe suffisamment, il se rentabilise et coûte moins que la main-d'œuvre humaine. En Europe, les fascistes devraient y réfléchir ! Car pour des raisons de politique à court terme, ils agissent pour accroître la densité de la population dans leur patrie respective. En revanche, les États-Unis, plus réservés, se referment sur eux-mêmes par un système de droits prohibitifs frappant les marchandises étrangères. Peut-on exiger d'un visiteur inoffensif qu'il se rompe la tête ? Peut-on réellement s'assurer que chaque question comporte une réponse intelligente ?

Deuxième surprise pour le visiteur, il observe cette attitude américaine heureuse et positive face à la vie. Sur les photographies, on remarque ce sourire des êtres, symbole d'une des principales forces des Américains. Il s'annonce aimable, conscient de sa valeur, optimiste et sans envie alors que l'Européen estime les contacts avec les Américains innocents et agréables.

En revanche, l'Européen montre de l'esprit critique, une conscience forte de lui, une absence de générosité et d'entraide, il exige beaucoup de ses divertissements et ses lectures, par rapport aux Américains. Mais au bout du compte, il se révèle assez pessimiste.

L'agrément de la vie, le confort, tiennent une place importante aux États-Unis. On leur sacrifie de la fatigue, du souci et de la tranquillité. L'Américain vit davantage pour un but précis et pour l'avenir que l'Européen. La vie pour lui se présente comme un devenir, non comme un état. En ce sens, il est radicalement dissemblable du Russe et de l'Asiatique plus encore que de l'Européen.

Mais il existe un autre domaine où l'Américain ressemble plus à l'Asiatique que l'Européen. Il se reconnaît moins strictement égotiste que l'Européen, envisagé psychologiquement et non économiquement.

On déclare plus « nous » que « je ». Bien sûr, il en résulte que l'usage et la convention occupent une place essentielle, que l'idéal de vie des individus et leur attitude morale et esthétique apparaissent plus conformistes qu'en Europe. Ce fait explique, en grande partie, la supériorité économique américaine sur l'Europe. En effet, plus rapidement, plus aisément qu'en Europe, s'organisent le travail, sa répartition, son efficacité à l'usine, à l'université ou même dans un institut privé de bienfaisance. Cette attitude sociale provient peut-être partiellement de l'influence anglaise.

Violent contraste enfin avec les comportements européens : la zone d'influence de l'État reste relativement faible. L'Européen admire que le télégraphe, le téléphone, le chemin de fer, l'école appartiennent en majorité à des sociétés privées. Nous l'avons expliqué plus haut. Cette attitude plus sociale de l'individu le permet. De plus, la répartition fondamentalement inégale des biens ne provoque pas des inégalités insupportables toujours pour la même raison. Le sentiment de responsabilité sociale des riches se dévoile plus vivace ici qu'en Europe. Ils considèrent fort naturel de consacrer une grande partie de leur fortune, et même de leur activité, au service de la communauté. Impérieusement l'opinion publique (puissante !) l'exige d'eux. Il arrive ainsi que les fonctions culturelles les plus importantes puissent être confiées à l'initiative privée et que le rôle de l'État, en ce pays, soit relativement très réduit.

Cependant le prestige de l'autorité de l'État a singulièrement diminué à cause de la loi sur la prohibition. Rien n'est aussi préjudiciable, pour le prestige de la loi et de l'État, que de promulguer des lois dont on ne puisse assurer le respect. C'est une évidence reconnue que le taux croissant de criminalité en cet État dépend étroitement de cette loi.

Sous un autre aspect, la prohibition contribue, selon moi, au dépérissement de l'État. Le bistrot offrait un endroit où les hommes ont l'occasion d'échanger leurs idées et leurs opinions sur les affaires publiques. Une telle opportunité disparaît ici, en ce pays, à mon avis, au point que la presse, contrôlée en grande partie par des groupes intéressés, exerce une influence déterminante et sans réplique sur l'opinion publique.

L'indéniable valeur de l'argent en ce pays s'exprime encore plus fortement qu'en Europe, mais elle me semble décroître. Se substitue, peu à peu, l'idée qu'une grande fortune n'est plus indispensable pour une vie heureuse et prospère.

Sur le plan artistique, j'éprouve la plus vive admiration pour le goût se manifestant dans les constructions modernes et dans les objets de la vie quotidienne. En revanche, par rapport à l'Europe, je trouve le peuple américain moins réceptif aux arts plastiques et à la musique.

J'admire profondément les résultats des instituts de recherche scientifique. Chez nous, bien injustement, on interprète la supériorité croissante de la recherche américaine exclusivement comme le fruit de la puissance de l'argent. Or dévouement, tolérance, esprit d'équipe, sens de la coopération contribuent singulièrement à leur succès. Pour finir, une remarque ! Les États-Unis, aujourd'hui, représentent la force mondiale techniquement la plus avancée. Leur influence sur l'organisation des relations internationales n'est même plus mesurable. Mais la grande Amérique et ses habitants n'ont pas encore manifesté jusqu'à présent un profond intérêt pour les grands problèmes internationaux et surtout pour celui, terriblement actuel, du désarmement. Ceci doit changer, dans l'intérêt même des Américains. La dernière guerre a prouvé qu'il n'y a plus de continents isolés mais que les destins de tous les peuples sont aujourd'hui étroitement imbriqués. Ainsi donc, il faudrait que ce peuple se persuade que chacun de ses habitants porte une grande responsabilité dans le domaine de la politique internationale. Ce pays ne doit pas se résigner à la fonction d'observateur inactif, ce rôle à la longue apparaîtrait néfaste pour tous.

Réponse aux femmes américaines

Une ligue de femmes américaines a cru devoir protester contre l'entrée d'Einstein dans leur patrie. Elle a reçu la réponse suivante :

« Jamais je n'ai trouvé, de la part du beau sexe, réaction aussi énergique contre une tentative d'approche. Si par hasard ce fut le cas, jamais, en une seule fois, tant de femmes ne m'ont repoussé. »

N'ont-elles pas raison, ces citoyennes vigilantes ? Doit-on accueillir un homme qui dévore les capitalistes endurcis avec le même appétit et la même volupté que, jadis, le Minotaure crétois dévorait les délicates vierges grecques et qui, de plus, se révèle si balourd qu'il récuse toute guerre, à l'exception de l'inévitable conflit avec sa propre épouse ? Écoutez donc vos femmes avisées et patriotes ; rappelez-vous aussi que le Capitole de la puissante Rome, jadis, a été sauvé par le caquetage de ses oies fidèles.

2

Politique et pacifisme

Sens actuel du mot paix

Les génies les plus remarquables des civilisations anciennes ont toujours préconisé la paix entre les nations. Ils en comprenaient le rôle. Mais aujourd'hui, leur position morale est bousculée par les progrès techniques. Et notre humanité civilisée découvre le nouveau sens du mot paix : il s'appelle survie. Aussi serait-il concevable qu'un homme, en son âme et conscience, puisse éluder sa réelle responsabilité dans le problème de la paix ?

Dans tous les pays du monde, des groupes industriels puissants fabriquent des armes ou participent à leur fabrication ; et dans tous les pays du monde, ils s'opposent au règlement pacifique du moindre litige international. Mais contre eux les gouvernants atteindront cet objectif essentiel de la paix quand la majorité des électeurs les appuiera énergiquement. Car nous vivons en régime démocratique et notre destin et celui de notre peuple dépendent entièrement de nous.

La volonté collective s'inspirera de cette intime conviction personnelle.

Comment supprimer la guerre

Ma responsabilité dans la question de la bombe atomique se traduit par une seule intervention : j'ai écrit une lettre au président Roosevelt. Je savais nécessaire et urgente l'organisation d'expériences de grande envergure pour l'étude et la réalisation de la bombe atomique. Je l'ai dit. Je savais aussi le risque universel causé par la découverte de la bombe. Mais les savants allemands s'acharnaient sur le même problème et avaient toutes les chances de le résoudre. J'ai donc pris mes responsabilités. Et pourtant je suis passionnément un pacifiste et je ne vois pas d'un œil différent la tuerie en temps de guerre et le crime en temps de paix. Puisque les nations ne se résolvent pas à supprimer la guerre par une action commune, puisqu'elles ne surmontent pas les conflits par un arbitrage pacifique et puisqu'elles ne fondent par leur droit sur la loi, elles se contraignent inexorablement à préparer la guerre. Participant alors à la course générale aux armements et ne voulant pas perdre, elles conçoivent et exécutent les plans les plus détestables. Elles se précipitent vers la guerre. Mais aujourd'hui la guerre s'appelle l'anéantissement de l'humanité.

Alors protester aujourd'hui contre les armements ne signifie rien et ne change rien. Seule la suppression définitive du risque universel de la guerre donne un sens et une chance à la survie du monde. Voilà désormais notre labeur quotidien et notre inébranlable décision : lutter contre la racine du mal et non contre les effets. L'homme accepte lucidement cette exigence. Qu'importe qu'on le taxe d'asocial ou d'utopique ?

Gandhi incarne le plus grand génie politique de notre civilisation. Il a défini le sens concret d'une politique et su dégager en tout homme un inépuisable héroïsme quand il découvre un but et une valeur à son action. L'Inde, aujourd'hui libre, prouve la justesse de son témoignage. Or la puissance matérielle en apparence invincible de l'Empire britannique a été submergée par une volonté inspirée par des idées simples et claires.

Quel est le problème du pacifisme ?

Mesdames, Messieurs,

Je vous remercie puisque vous me permettez d'exprimer mes idées sur ce problème.

Je me réjouis que vous m'offriez l'occasion d'exposer brièvement le problème du pacifisme. L'évolution des dernières années a de nouveau souligné combien nous avons peu de raisons de confier aux gouvernements la responsabilité dans la lutte contre les armements et les comportements belliqueux. Mais aussi la formation de grandes organisations même avec de nombreux membres ne peut pas, par elle seule, nous rapprocher du but. Je soutiens que le moyen violent du refus du service militaire reste le meilleur moyen. Il est préconisé par des organisations qui, dans divers pays, aident moralement et matériellement les courageux objecteurs de conscience.

Par ce biais, nous pouvons mobiliser les hommes sur le problème du pacifisme. Car cette question posée ainsi directement et concrètement interroge les natures droites sur ce type de combat. Car il s'agit, en effet, d'un combat illégal, mais d'un combat pour le droit réel des hommes contre leurs gouvernements puisque ceux-ci exigent de leurs citoyens des actes criminels.

Beaucoup de bons pacifistes ne voudraient pas pratiquer le pacifisme de cette façon, en invoquant les raisons patriotiques. Mais aux moments critiques on ne pourra compter sur eux. La guerre mondiale l'a amplement prouvé.

Je vous remercie sincèrement de m'avoir offert l'occasion de vous exprimer de vive voix mon opinion.

Allocution à la réunion des étudiants pour le désarmement

Les dernières générations, grâce aux découvertes de la science et à la technique, nous ont offert un magnifique présent de valeur : nous pourrons nous libérer et embellir notre vie comme jamais avant d'autres générations ne le purent. Mais ce présent apporte par lui-même des dangers pour notre vie, comme jamais auparavant.

Aujourd'hui, le destin de l'humanité civilisée repose sur les valeurs morales qu'elle peut susciter en elle-même. C'est pourquoi la tâche de notre époque n'est en rien moins aisée que les tâches accomplies par les dernières générations.

Le besoin des hommes en nourriture et en biens d'usage courant peut être satisfait au bout d'un nombre d'heures de travail infiniment plus réduit. En revanche, le problème de la répartition du travail et des produits fabriqués s'avère de plus en plus difficile. Nous réalisons tous que le libre jeu des forces économiques, l'effort désordonné et sans frein des individus pour acquérir et dominer, ne conduisent plus, automatiquement, à une solution supportable de ce problème. Il faut un ordre planifié pour la production des biens, l'emploi de la main-d'œuvre et la répartition des marchandises fabriquées ; car il s'agit d'éviter la disparition menaçante de ressources productives importantes, l'appauvrissement et le retour à l'état sauvage d'une grande partie de la population.

Mais si dans la vie économique l'égoïsme « monstre sacré » entraîne des conséquences néfastes, dans la vie politique internationale il cause des ravages plus atroces. Maintenant les progrès de la technique militaire permettent l'extermination de toute vie humaine, à moins que les hommes ne découvrent, et très vite, les moyens de se protéger contre la guerre. Cet idéal est capital et les efforts déployés jusqu'à aujourd'hui pour l'atteindre restent encore dérisoirement insuffisants.

On cherche à pallier le danger par une diminution des armements et par des règles limitatives dans l'exercice du droit de la guerre. Mais la guerre n'est pas un jeu de société où des partenaires respecteraient les règles scrupuleusement. Quand il s'agit d'être ou de ne pas être, règles et engagements ne valent rien. Le rejet inconditionnel de la guerre, seul, peut nous sauver. Car la création d'une Cour internationale d'arbitrage ne suffit absolument pas en cette circonstance. Il faudrait que les traités fournissent aussi l'assurance que les décisions de cette cour seront appliquées collectivement par toutes les nations. Enlevez cette certitude, les nations ne prendront jamais le risque de désarmer réellement.

Imaginons ! Les gouvernements américain, anglais, allemand, français exigent du gouvernement japonais la cessation immédiate des hostilités contre la Chine, sous peine d'un boycott strict de toutes les marchandises « made in Japan ». Croyez-vous qu'un gouvernement japonais assumerait pour son pays un risque aussi dangereux ? Or, contre toute évidence, cela ne se produit pas. Pourquoi ? Chaque personne, chaque nation tremble réellement de peur pour son existence. Pourquoi ? Parce que chacun n'envisage que son profit, immédiat et méprisable, et ne veut pas considérer d'abord le bien et le profit de la communauté.

C'est pourquoi, au début, je vous déclarais que le destin de l'humanité repose essentiellement et plus que jamais sur les forces morales de l'homme. Si nous voulons une vie libre et heureuse, il y faudra nécessairement renoncement et restriction.

Où puiser les forces pour une telle modification ? Certains, dès leur jeunesse, ont eu la possibilité d'affirmer leur esprit par l'étude et de garder un jugement clair. Ce sont les anciens, ils vous regardent et ils attendent de vous que vous luttiez de toutes vos énergies pour obtenir enfin ce qui nous a été refusé.

Sur le service militaire

Extrait d'une lettre

« Au lieu d'autoriser le service militaire en Allemagne, on devrait l'interdire dans tous les pays et n'admettre d'autre armée que celle des mercenaires sur l'importance et l'armement desquels on pourrait discuter. La France se rassurerait par cette mesure, alors qu'elle se satisfait de la compensation faite à l'Allemagne. Et ainsi, on interdirait le désastre psychologique provoqué par l'éducation militaire du peuple et on empêcherait la mort des droits de l'individu inhérente à cette pédagogie.

Quel évident avantage pour deux États, en plein accord, que de régler leurs conflits inévitables par l'arbitrage, et quel progrès que d'unifier leurs organisations militaires professionnelles en un seul corps de cadres mixtes ! Quelle économie financière et quel accroissement de sécurité pour ces deux pays ! Un tel arrangement pourrait inciter à des unions de plus en plus étroites et même aboutir à une police internationale, qui se réduirait au fur et à mesure que la sécurité internationale croîtrait.

Voulez-vous discuter de cette proposition-suggestion avec nos amis ? Je ne cherche pas à la défendre particulièrement. Mais je crois indispensable de nous présenter avec des programmes concrets. Car rester sur la défensive ne présente aucun intérêt stratégique. »

À Sigmund Freud

« Très cher Monsieur Freud,

J'ai toujours admiré chez vous la passion de découvrir la vérité. Elle l'emporte sur tout. Vous expliquez avec une clarté irrésistible combien dans l'âme humaine les instincts de lutte et d'anéantissement sont étroitement imbriqués avec les instincts d'amour et d'affirmation de la vie. Vos exposés rigoureux révèlent en même temps ce désir profond et ce noble idéal de l'homme voulant se libérer complètement de la guerre. À cette profonde passion se reconnaissent tous ceux qui, au-delà de leur temps, au-delà de leur nation, ont été jugés des maîtres, spirituels ou moraux. Nous découvrons le même idéal chez Jésus-Christ, chez Goethe ou Kant ! N'est-ce pas très significatif de voir que ces hommes ont été universellement reconnus comme des maîtres alors que leur volonté de structurer les relations humaines aboutit à l'échec ?

Je suis persuadé que les hommes exceptionnels jouant le rôle de maîtres grâce à leurs travaux (même dans un cercle très restreint) participent à ce même noble idéal. Ils n'influencent pas énormément le monde politique. En revanche, le sort des nations dépend, semble-t-il, inévitablement d'hommes politiques sans aucun scrupule et sans aucun sens de la responsabilité.

Ces chefs de ces gouvernements politiques obtiennent leur place soit par la violence, soit par des élections populaires. Ils ne peuvent pas apparaître comme une représentation de la partie intellectuellement et moralement supérieure des nations. Quant à l'élite intellectuelle, elle n'exerce aucune influence sur le destin des peuples. Trop dispersée, elle ne peut ni œuvrer ni collaborer, quand il s'agit de résoudre un problème urgent. Alors n'estimez-vous pas qu'une libre association de personnalités – leurs actions et leurs créations antérieures garantissant leurs capacités et la sincérité de leur volonté – pourrait réellement proposer un programme nouveau ? Cette communauté de structure internationale, dans laquelle les membres s'imposeraient de rester en contact par un échange permanent de leurs opinions, pourrait prendre position dans la presse, mais toujours sous la responsabilité ponctuelle des signataires, pourrait exercer dans la résolution d'un problème politique une influence signifiante et moralement saine. Évidemment, une telle communauté connaîtrait les mêmes inconvénients qui, dans les académies savantes, provoquent si souvent de lourds échecs. Ce sont les risques inhérents indissolublement liés à la faiblesse de la nature humaine. Malgré tout, ne faut-il pas tenter une telle association ? Je vois dans une telle entreprise un devoir impératif.

Si une telle association intellectuelle arrivait à se créer, elle devrait essayer systématiquement de dresser les organisations religieuses contre la guerre. Elle donnerait une force morale à beaucoup de personnalités dont la bonne volonté est stérilisée par une résignation pénible. Je crois enfin qu'une association comprenant de tels membres, inspirant un immense respect justifié par leurs œuvres intellectuelles, offrirait un appui moral précieux à ces forces de la Société des Nations qui consacrent réellement leurs activités au noble idéal de cette institution.

Je vous soumets ces idées, à vous plus volontiers qu'à un autre, parce que vous êtes moins que quiconque vulnérable aux chimères et que votre esprit critique se fonde sur un sentiment très approfondi de la responsabilité. »

Les femmes et la guerre

À mon avis, lors de la prochaine guerre, on devrait envoyer au front les femmes patriotes de préférence aux hommes. Cela constituerait pour la première fois une nouveauté dans ce monde désespérant de l'horreur infinie, et puis, pourquoi les sentiments héroïques du beau sexe ne seraient-ils pas utilisés d'une façon plus pittoresque qu'à attaquer un civil sans défense ?

Trois lettres à des amis de la paix

1. J'apprends que sous l'inspiration de vos nobles sentiments et animé par votre amour des hommes et de leur destin vous accomplissez presque secrètement des merveilles. Rare est le nombre de ceux qui regardent avec leurs propres yeux et qui éprouvent avec leur propre sensibilité. Seuls, ils pourraient éviter que les hommes ne s'enfoncent à nouveau dans ce climat de morosité aujourd'hui proposé comme inéluctable à une masse désorientée.

Puissent les peuples ouvrir les yeux, comprendre le prix du renoncement national indispensable pour éviter la tuerie de tous contre tous ! Le pouvoir de la conscience et de l'esprit international reste encore trop timoré. À l'heure actuelle il se dévoile plus faible encore puisqu'il tolère un pacte avec les pires ennemis de la civilisation. À ce degré, cette diplomatie de la conciliation se nomme un crime contre l'humanité, même si on la défend au nom de la sagesse politique.

Nous ne pouvons pas désespérer des hommes, puisque nous sommes nous-mêmes des hommes. Et c'est un réconfort de penser qu'il existe des personnalités comme vous, vivantes et loyales.

2. Je dois avouer qu'une déclaration de ce type, comme celle ci-jointe, ne représente à mon avis aucune valeur pour un peuple qui, en temps de paix, se soumet au service militaire. Votre combat doit se proposer comme résultat la libération de toute obligation militaire. Le peuple français a payé terriblement cher sa victoire de 1918 ! Et pourtant, malgré le poids de cette expérience, le service militaire maintient la France dans la plus ignoble de toutes les espèces de servitude.

Soyez donc infatigable dans cette lutte ! Vous avez même des alliés objectifs parmi les réactionnaires et militaristes allemands. Car si la France s'accroche à son idée de service militaire obligatoire, il ne lui sera pas possible à la longue d'interdire l'introduction de ce service en Allemagne. Alors inéluctablement on accédera à la revendication allemande pour l'égalité des droits. Pour chaque esclave militaire français, il y aura deux esclaves militaires allemands. Cela concorderait-il avec les intérêts français ? Seule la suppression radicale du service militaire obligatoire autorise d'imaginer l'éducation de la jeunesse dans l'esprit de réconciliation, dans l'affirmation des forces de la vie et dans le respect de toutes les formes de vivant.

Je crois que le refus du service militaire, par l'objection de conscience, s'il était simultanément affirmé par cinquante mille appelés au service aurait une puissance irrésistible. Car un individu seul ne peut pas obtenir grand-chose et on ne peut souhaiter que les êtres de la plus grande valeur soient livrés à l'anéantissement par l'abominable monstre à trois têtes : stupidité, peur, cupidité.

3. Vous avez analysé dans votre lettre un point absolument essentiel. L'industrie des armements représente concrètement le plus terrible péril pour l'humanité. Elle se masque, puissante force maligne, derrière le nationalisme, qui s'étend partout.

La nationalisation étatique pourrait sans doute offrir quelque utilité. Mais la délimitation des industries concernées paraît bien compliquée. Y mettra-t-on l'industrie aéronautique ? Et dans quelles proportions y inclura-t-on l'industrie métallurgique, l'industrie chimique ?

Pour l'industrie des munitions et pour le commerce du matériel de guerre, la Société des Nations, depuis des années déjà, s'efforce d'exercer un contrôle sur ce trafic abominable. Mais qui ignore l'échec de cette politique ? L'année dernière j'ai demandé à un diplomate américain notoire, pourquoi, par un boycott commercial, on n'empêchait pas le Japon de persévérer dans sa politique de coups de force ? Réponse : « Nos intérêts économiques sont trop impliqués. » Comment aider des individus aveuglés par de telles réponses ? Et vous croyez qu'une parole de moi suffirait pour obtenir un résultat en ce domaine ! Quelle erreur ! Tant que je ne les dérange pas, les hommes me flattent. Mais si j'essaie de défendre une politique gênante à leurs yeux, ils m'insultent et me calomnient pour protéger leurs intérêts. Quant aux indifférents, ils se réfugient la plupart du temps dans une attitude de lâcheté. Mettez à l'épreuve le courage civique de vos concitoyens ! La devise tacitement en valeur se dévoile : « Sujet tabou… pas un mot ! Soyez convaincus, je mettrai toutes mes forces pour exécuter ce que je peux, dans le sens que vous m'indiquez. Mais par la voie directe, comme vous le suggérez, il n'y a rien à tenter. »

Pacifisme actif

Je m'estime très heureux d'assister à cette grande manifestation pacifiste, organisée par le peuple flamand. Personnellement, j'éprouve le besoin de m'exprimer devant vous tous qui y participez, au nom de ceux qui pensent comme vous et qui ont les mêmes angoisses devant l'avenir : « Nous nous ressentons très profondément liés à vous en ces moments de recueillement et de prise de conscience. »

Nous n'avons pas le droit de nous mentir. Une amélioration des conditions humaines contraignantes et désespérantes actuelles ne peut être imaginée possible sans de terribles conflits. Car le petit nombre de gens décidés à des moyens radicaux pèse peu devant la masse des indécis et des récupérés. Et la puissance des gens directement intéressés au maintien de cette machinerie de la guerre reste considérable. Ils ne reculeront devant aucun procédé pour contraindre l'opinion publique à se plier à leurs exigences criminelles.

Selon toutes apparences, les hommes d'État actuellement au pouvoir poursuivraient le but d'établir durablement une paix solide. Mais l'accroissement incessant des armements prouve clairement que ces hommes d'État ne font pas le poids devant ces puissances criminelles ne cherchant qu'à préparer la guerre. Je reste inébranlable sur ce point : la solution est dans le peuple, dans le peuple seul. Si les peuples veulent échapper à l'esclavage abject du service militaire, ils doivent se prononcer catégoriquement pour le désarmement général. Aussi longtemps que les armées existeront, chaque conflit un peu délicat risque d'aboutir à la guerre. Un pacifisme ne s'attaquant pas aux politiques d'armement des États est impuissant et reste impuissant.

Que les peuples le comprennent ! Que leur conscience se manifeste ! Ainsi nous franchirons une nouvelle étape dans le progrès des peuples entre eux et nous nous rappellerons combien la guerre fut l'incompréhensible folie de nos ancêtres !

Une démission

*Au secrétaire allemand
de la Société des Nations*

« Cher Monsieur Dufour-Feronce,

Je ne veux pas laisser votre aimable lettre sans réponse car vous pourriez considérer mon point de vue de manière erronée. Ma décision de ne plus aller à Genève se fonde sur cette évidence acquise par une douloureuse expérience : la Commission en général ne manifeste pas dans ses sessions la ferme volonté de réaliser les progrès indispensables aux relations internationales. Bien au contraire, elle ressemble à une parodie de l'adage *ut aliquid fieri videatur.* Vue ainsi, cette commission me semble même pire que la Société des Nations en son ensemble.

Parce que j'ai voulu me battre de toutes mes forces pour la création d'une Cour internationale d'arbitrage et de réglementation placée au-dessus des États, et parce que cet idéal me tient à cœur, je crois devoir quitter cette Commission.

La Commission a approuvé la répression des minorités culturelles dans les différents pays parce que, dans ces mêmes pays, elle a constitué une "Commission nationale", unique lien théorique entre les intellectuels de l'État et la Commission. Cette politique délibérée l'éloigne de sa fonction propre : être un soutien moral pour les minorités nationales contre toute oppression culturelle.

La Commission, en outre, a manifesté une attitude tellement hypocrite face au problème de la lutte contre les tendances chauvinistes et militaristes de l'enseignement dans les différents pays qu'on ne peut espérer d'elle une attitude décisive dans ce domaine essentiel, fondamental.

La Commission constamment s'est dispensée d'être l'appui de personnalités ou d'organisations qui, de façon irrécusable, se sont engagées pour un ordre juridique international et contre le système militaire.

La Commission n'a jamais essayé d'empêcher l'intégration des membres dont elle savait qu'ils étaient des représentants de courants d'idée fondamentalement différents de ceux qu'elle se devait de représenter.

Je ne veux plus énumérer mes autres griefs, puisque ces quelques objections font suffisamment comprendre ma décision. Je ne veux cependant pas me poser en accusateur. Mais je vous devais d'expliquer mon attitude. Si j'avais eu un espoir, même infime, j'aurais agi différemment, croyez-le bien. »

Sur la question du désarmement

La réalisation d'un plan de désarmement s'est d'autant plus compliquée qu'on n'envisageait pas clairement en général l'énorme complexité du problème. En général, la plupart des objectifs s'obtiennent par paliers successifs. Rappelons-nous par exemple la transformation de la monarchie absolue en démocratie ! Mais ici l'objectif ne souffre aucun palier.

En effet, tant que la possibilité de la guerre n'est pas radicalement supprimée, les nations ne se laisseront pas déposséder de leur droit de s'organiser militairement le mieux possible pour écraser l'ennemi d'une future guerre. On ne pourra pas éviter que la jeunesse ne soit élevée dans les traditions guerrières, ni que la dérisoire fierté nationale ne soit exaltée parallèlement à la mythologie héroïque du guerrier, aussi longtemps qu'il faudra faire vibrer chez les citoyens cette idéologie pour une résolution armée des conflits. S'armer signifie exactement cela : non pas approuver et organiser la paix, mais dire oui à la guerre et la préparer. Alors donc il ne faut pas désarmer par étapes mais en une seule fois ou jamais.

La réalisation dans la vie des nations d'une structure si profondément différente implique une force morale nouvelle et un refus conscient de traditions profondément enracinées. Celui qui n'est pas prêt à remettre, en cas de conflit, et sans conditions, le destin de son pays aux décisions d'une Cour internationale d'arbitrage et qui n'est pas prêt à s'y engager, solennellement, sans réserve, par un traité, n'est pas réellement décidé à éliminer les guerres. La solution est claire : tout ou rien.

Jusqu'à présent les efforts entrepris pour assurer la paix ont échoué, parce qu'ils n'ambitionnent que des résultats partiels insuffisants.

Désarmement et sécurité ne se conquièrent qu'ensemble. La sécurité n'est réelle que si toutes les nations prennent l'engagement d'exécuter parfaitement les décisions internationales.

Nous sommes donc à la croisée des chemins. Ou bien nous prendrons la route de la paix ou bien la route déjà fréquentée de la force aveugle indigne de notre civilisation. Voilà notre choix et nous en sommes responsables ! D'un côté liberté des individus et sécurité des communautés nous attendent. De l'autre, servitude des individus et anéantissement des civilisations nous menacent. Notre destin sera comme nous le voudrons.

À propos de la conférence du désarmement en 1932

1. Puis-je commencer par une profession de foi politique ? La voici. L'État est créé pour les hommes, et non l'inverse. On peut tenir le même raisonnement pour la Science que pour l'État. Vieilles maximes façonnées par des êtres situant la personne humaine au sommet de la hiérarchie des valeurs ! J'aurais honte de les répéter si elles n'étaient pas toujours menacées de sombrer dans l'oubli, surtout en notre époque d'organisation et de routine. Or la tâche essentielle de l'État consiste bien en ceci : protéger l'individu, lui offrir la possibilité de se réaliser en tant que personne humaine créatrice.

L'État doit être notre serviteur, et nous n'avons pas à en être les esclaves. Cette loi fondamentale est bafouée par l'État quand il nous contraint par la force au service militaire et à la guerre. Notre fonction d'esclave s'exerce alors pour anéantir les hommes d'autres pays ou pour nuire à la liberté de leur progrès.

POLITIQUE ET PACIFISME

Nous n'avons le devoir de consentir certains sacrifices à l'État que s'ils contribuent au progrès humain des individus. Ces propositions peut-être paraissent évidentes pour un Américain mais pas pour un Européen. Pour cette raison nous espérons que le combat contre la guerre éveillera un écho puissant chez les Américains.

Parlons maintenant de cette conférence du désarmement ! Quand on y réfléchit, faut-il sourire, pleurer ou espérer ? Représentez-vous une ville habitée par des citoyens irascibles, malhonnêtes et querelleurs. On y éprouverait sans cesse le risque de mourir et donc, sans cesse, cette terrible angoisse neutralisant toute évolution normale. L'autorité de la ville veut alors supprimer ces conditions épouvantables... mais chacun des magistrats et des concitoyens n'accepte pas, sous aucune condition, qu'on lui interdise de porter un poignard à la ceinture ! Après de très longues années de préparation, l'autorité de la ville se décide à débattre le problème publiquement et propose ce thème de discussion : Longueur et affûtage du poignard individuel autorisé à la ceinture pendant les promenades ?

Tant que les citoyens conscients ne prendront pas les devants grâce à la loi, à la justice et à la police pour interdire les coups de couteau, la situation reste inchangée. La détermination de la longueur et de l'affûtage des poignards autorisés ne favorisera que les violents et les belliqueux et leur soumettra les plus faibles. Vous comprenez tous le sens de cette comparaison. Nous avons en effet une Société des Nations et une Cour d'arbitrage. Mais la Société des Nations ressemble davantage à une salle de réunion qu'à une assemblée et la Cour n'a pas les moyens de faire respecter ses verdicts. En cas d'agression contre lui, aucun État ne trouve de sécurité auprès de la Société des Nations. N'oubliez donc pas cette évidence quand vous apprécierez la position de la France, et son refus de désarmer sans sécurité. Vous jugerez alors moins sévèrement qu'on ne le fait d'habitude.

Chaque peuple doit comprendre et vouloir les limitations nécessaires de son droit de souveraineté, chaque peuple doit intervenir et s'associer aux autres peuples contre tout contrevenant aux décisions de la Cour, officiellement ou secrètement. Sinon nous maintiendrons ce climat général d'anarchie, de menace. La souveraineté illimitée des différents États et la sécurité en cas d'agression sont des propositions inconciliables, malgré tous les sophismes. Aura-t-on besoin encore de nouvelles catastrophes pour inciter les États à s'engager à exécuter toute décision de la Cour internationale de justice ? Sur les bases de sa récente évolution, notre espérance dans le proche avenir reste réduite. Mais chaque ami de la civilisation et de la justice doit se battre pour convaincre ses semblables de l'inéluctable nécessité de cette obligation internationale entre les États.

On objectera à juste titre que cette conception valorise trop le système juridique mais néglige les psychologies nationales et les valeurs morales. On souligne que le désarmement moral devrait précéder le désarmement matériel. On affirme aussi, avec vérité, que le plus grand obstacle à l'ordre international consiste dans ce nationalisme exacerbé, dénommé illusoirement et sympathiquement patriotisme. En effet, dans les cent cinquante dernières années, cette divinité a acquis une puissance criminelle angoissante et extraordinaire.

Pour surmonter cette objection, il faut réaliser et se convaincre que les facteurs rationnels et humains se conditionnent réciproquement. Les systèmes dépendent étroitement de conceptions traditionnelles sentimentales, y puisent leurs raisons d'exister et de se protéger. Mais les systèmes élaborés, à leur tour, influencent puissamment les conceptions traditionnelles sentimentales.

Le nationalisme, actuellement partout développé de manière si dangereuse, se déploie parfaitement à partir de la création du service militaire obligatoire ou, bel euphémisme, de l'armée nationale. L'État exigeant de ses citoyens le service militaire, se voit obligé d'exalter en eux le sentiment nationaliste, base psychologique des conditionnements militaires. À côté de la religion, l'État doit glorifier dans ses écoles, aux yeux de sa jeunesse, son instrument de force brutale.

L'introduction du service militaire obligatoire, voilà la principale cause, à mon sens, de la décadence morale de la race blanche. Ainsi se pose déjà la question de la survie de notre civilisation et même de notre vie ! Ainsi, le puissant courant de la Révolution française apporte d'innombrables avantages sociaux mais aussi cette malédiction qui, en si peu de temps, a frappé tous les autres peuples.

Celui qui veut développer le sentiment international et combattre le chauvinisme national doit donc combattre le service militaire obligatoire. Les violentes persécutions auxquelles sont en butte ceux qui, pour des raisons morales, refusent d'accomplir le service militaire, sont-elles moins ignominieuses pour l'humanité que les persécutions auxquelles étaient exposés dans les termes passés les martyrs de la religion ? Ose-t-on hypocritement proclamer la guerre hors la loi, comme le fait le pacte Kellog, alors qu'on livre des individus sans défense à la machine meurtrière de la guerre dans n'importe quel pays ?

Si, dans l'esprit de la conférence du désarmement, nous ne voulons pas nous limiter à l'aspect du système juridique mais si nous désirons aussi y inclure loyalement et pratiquement l'aspect psychologique, il faut chercher à offrir à tout individu, par le biais international, une possibilité légale de dire non au service militaire. Une telle initiative juridique susciterait indubitablement un puissant mouvement moral. Résumons-nous. De simples conventions sur les réductions d'armement ne procurent nullement la sécurité. La Cour d'arbitrage obligatoire doit disposer d'un exécutif garanti par tous les États participants. Il interviendrait par sanction économique et militaire contre l'État briseur de paix. Le service militaire obligatoire doit être combattu puisqu'il constitue le foyer principal d'un nationalisme morbide. Les objecteurs de conscience doivent donc tout particulièrement être protégés internationalement.

2. Ce que l'ingéniosité des hommes nous a offert dans ces cent dernières années aurait pu faciliter une vie libre et heureuse, si le progrès entre les humains s'effectuait en même temps que les progrès sur les choses. Or le résultat laborieux ressemble pour ceux de notre génération à ce que serait un rasoir pour un enfant de trois ans. La conquête de fabuleux moyens de production n'a pas apporté la liberté, mais les angoisses et la faim.

Pire encore, les progrès techniques fournissent les moyens d'anéantir la vie humaine et tout ce qui a été durement créé par l'homme. Nous, les anciens, avons vécu cette abomination pendant la guerre mondiale. Mais plus ignoble que cet anéantissement, nous avons vécu l'esclavage ignominieux où l'homme se voit entraîné par la guerre ! N'est-il pas épouvantable d'être contraint par la communauté d'accomplir des actes que chacun, face à sa conscience, juge criminels ? Or peu d'êtres ont révélé une telle grandeur d'âme qu'ils ont refusé de les commettre. À mes yeux pourtant ils sont les vrais héros de la guerre mondiale.

Il y a une lueur d'espoir. J'ai l'impression aujourd'hui que les chefs responsables des peuples ont sincèrement l'intention et la volonté d'abolir la guerre. La résistance à ce progrès absolument nécessaire s'échafaude sur les traditions malsaines des peuples : elles se transmettent de génération en génération, à travers le système d'éducation, comme un chancre héréditaire. Le principal défenseur de ces traditions, c'est l'instruction militaire et sa glorification, et toute cette fraction de la presse liée aux industries lourdes ou d'armement. Sans désarmement, pas de paix durable. Inversement, les armements militaires ininterrompus, dans les normes actuelles, conduisent inéluctablement à de nouvelles catastrophes.

Aussi, la conférence sur le désarmement de 1932 sera décisive pour cette génération et la suivante. Les conférences précédentes ont abouti à des résultats, avouons-le, désastreux. Donc il s'impose à tous les hommes perspicaces et responsables de conjuguer toutes leurs énergies pour cristalliser de plus en plus l'opinion publique sur le rôle essentiel de la conférence de 1932. Si dans leur pays les chefs d'État incarnent la volonté pacifique d'une majorité résolue, alors et seulement ils pourront réaliser cet idéal. Chacun, par ses actions et par ses paroles, peut aider à la formation de cette opinion publique.

L'échec de la conférence serait assuré si les délégués s'y présentaient avec des instructions définitives, dont l'acceptation se transformerait en affaire de prestige. Cette politique paraît être déjouée. Car les réunions de diplomates, délégation par délégation, réunions fréquentes ces derniers temps, ont été consacrées à préparer solidement la conférence par des discussions sur le désarmement. Cette procédure me semble très heureuse. En effet deux hommes ou deux groupes peuvent travailler dans un esprit judicieux, sincère et dépassionné, si n'intervient pas un troisième groupe dont il faut tenir compte dans le débat. Et si la conférence est préparée selon cette procédure, si les coups de théâtre en sont exclus et si une véritable bonne volonté instaure un climat de confiance, alors seulement nous pouvons espérer une issue favorable.

Dans ce genre de conférence, le succès ne dépend pas de l'intelligence ou de l'adresse mais de l'honnêteté et de la confiance. La valeur morale ne peut pas être remplacée par la valeur intelligence et j'ajouterai : Dieu merci !

L'être humain ne peut se contenter d'attendre et de critiquer. Il doit se battre pour cette cause, autant qu'il le peut. Le destin de l'humanité sera tel que nous le préparerons.

L'Amérique et la conférence du désarmement en 1932

Les Américains aujourd'hui sont tracassés par la situation économique de leur pays et ses conséquences. Les dirigeants conscients de leurs responsabilités s'appliquent essentiellement à résoudre la crise affreuse du chômage en leur propre pays. Le sentiment d'être lié au destin du reste du monde et particulièrement à celui du reste de l'Europe, la mère patrie, se retrouve moins vivace qu'en temps normal.

Mais l'économie libérale ne résoudra pas automatiquement par elle-même ses propres crises. Il faut un ensemble de mesures harmonieuses issues de la communauté, pour réaliser parmi les hommes une juste répartition du travail et des produits de consommation. Sans cela la population du pays le plus riche s'asphyxie. Comme le travail nécessaire aux besoins de tous est diminué grâce aux perfectionnements de la technologie, le libre jeu des forces économiques ne peut à lui seul maintenir un équilibre permettant le plein emploi des forces de travail. Une réglementation planifiée et réaliste s'impose pour utiliser les progrès de la technologie dans l'intérêt commun.

Si désormais l'économie ne peut plus subsister sans une rigoureuse planification, elle s'impose plus encore pour les problèmes économiques internationaux. Aujourd'hui peu d'individus pensent réellement que les techniques de guerre représentent un système avantageux, applicable à l'humanité pour résoudre les conflits humains. Mais les autres hommes manquent de logique et de courage pour dénoncer le système et pour imposer des mesures qui rendraient impossible la guerre, ce vestige sauvage et intolérable des temps anciens. Il faut encore une réflexion approfondie pour dévoiler le système, puis un courage à toute épreuve pour briser les chaînes de cet esclavage : ceci exige une décision irrévocable et une intelligence dépoussiérée.

Celui qui veut vraiment abolir la guerre doit intervenir avec énergie pour que l'État dont il est citoyen renonce à une partie de sa souveraineté au profit des instances internationales. Il doit se préparer, au cas d'un quelconque conflit de son pays, à le soumettre à l'arbitrage de la Cour internationale de justice. Il doit se battre avec la plus grande force pour le désarmement général des États, prévu même par le pitoyable traité de Versailles. Si l'on ne supprime pas l'éducation du peuple par les militaires et par les patriotes belliqueux, l'humanité ne pourra progresser.

Aucun événement des dernières années n'était aussi humiliant pour les États civilisés que cette succession d'échecs de toutes les précédentes conférences sur le désarmement. Les politiciens ambitieux et sans scrupules par leurs intrigues en sont responsables, mais partout aussi, dans tous les pays, l'indifférence et la lâcheté. Si nous ne changeons pas, nous porterons la responsabilité de l'anéantissement du superbe héritage de nos ancêtres.

Le peuple américain, je le crains, n'assume pas sa responsabilité dans cette crise. Car on pense ainsi aux États-Unis : « L'Europe va se perdre si elle se laisse conduire par les sentiments de haine et de vengeance de ses habitants. Le président Wilson avait semé le bon grain. Mais ce sol stérile européen a fait lever l'ivraie. Quant à nous, nous sommes les plus forts, les moins vulnérables, et nous ne recommencerons pas de sitôt à nous mêler des affaires d'autrui. »

Celui qui pense ainsi est un médiocre qui ne voit pas plus loin que le bout de son nez. L'Amérique ne peut pas se laver les mains de la misère européenne. En exigeant le remboursement brutal de ses créances, l'Amérique accélère la chute économique de l'Europe et donc aussi sa décadence morale. Elle est responsable de la balkanisation européenne et partage aussi la responsabilité de cette crise morale en politique, entretenant ainsi l'esprit de revanche déjà alimenté par le désespoir. Cette nouvelle mentalité ne sera pas endiguée par les frontières américaines. Je devais vous en avertir : vos frontières ont déjà été franchies. Regardez autour de vous, prenez garde !

Mais assez de longs discours ! La conférence du désarmement signifie pour nous, et pour vous, la dernière chance de sauver l'héritage du passé. Vous êtes les plus puissants, et les moins touchés par la crise, c'est donc vous que le monde regarde et dont on attend l'espoir.

Au sujet de la Cour d'arbitrage

Un désarmement planifié et rapide n'est possible que si l'ensemble des nations garantissent la sécurité de chacune d'entre elles, sous la dépendance d'une Cour d'arbitrage permanente rigoureusement indépendante des gouvernements.

Engagement inconditionnel des États membres : accepter les verdicts de la Cour et les mettre à exécution.

Trois cours séparées : Europe-Afrique, Amérique et Asie. L'Australie rattachée à l'une des trois. Une Cour d'arbitrage identique pour les conflits non résolus dans les trois.

L'Internationale de la Science

Pendant la guerre, alors que la folie nationale et politique atteignait son paroxysme, Emile Fischer à une séance de l'Académie s'écria vivement : « Vous n'y pouvez rien, messieurs, mais la Science est, et reste, internationale. » Les meilleurs savants l'ont toujours su et vécu passionnément, même si dans les époques de crise politique, ils sont noyés au milieu de leurs confrères de plus petite envergure. Quant à la foule des individus, malgré son droit de vote, elle a, durant la dernière guerre et dans les deux camps, trahi le dépôt sacré qui lui avait été confié ! L'Association internationale des Académies a été dissoute. Des congrès se sont tenus et se tiennent encore en maintenant l'exclusion des collègues des pays jadis ennemis. Des motifs politiques graves présentés avec un cérémonial hypocrite empêchent le point de vue objectif, nécessaire à la réussite de ce noble idéal, de prédominer.

Que peuvent réaliser les gens honnêtes, non secoués par les remous passionnels de l'immédiat, pour récupérer ce qui a déjà été perdu ? Et même à l'heure actuelle, des congrès internationaux de grande envergure ne peuvent plus être organisés à cause de l'extrême agitation de la majorité des intellectuels. Et les blocages psychologiques contre le rétablissement des associations scientifiques internationales se ressentent durement, au point qu'une minorité animée de sentiments et d'idées plus élevés ne peut les surmonter. Cette minorité cependant coopère à ce but suprême de rétablir les instances internationales, en maintenant d'étroites relations avec les savants de même générosité morale, et en intervenant constamment dans leur propre sphère d'action pour préconiser des mesures internationales. Mais le succès, le succès décisif peut se faire attendre. Il s'impose absolument. Je profite de l'occasion et j'aimerais féliciter un nombre important de mes collègues anglais. Car, pendant toutes ces longues années d'échecs, ils ont gardé vivante la volonté de sauvegarder la communauté intellectuelle.

Partout les déclarations officielles sont plus sinistres que les pensées des individus. Les gens honnêtes doivent ouvrir les yeux, ne pas se laisser manœuvrer, duper : *senatores boni viri, senatus autem bestia*.

Je suis fondamentalement optimiste pour les progrès de l'organisation internationale générale, non que je me fonde sur l'intelligence ou la noblesse des sentiments, mais parce que je mesure la contrainte impitoyable du progrès économique. Il dépend, à un degré très élevé, de la puissance de travail des savants, même des savants rétrogrades ! Ainsi, même ces derniers, malgré eux, aideront à créer l'organisation internationale.

Au sujet des minorités

Cela devient hélas un lieu commun : les minorités, en particulier celles dont les traits physiques sont reconnaissables, sont considérées par les majorités au milieu desquelles elles vivent absolument comme des classes inférieures de l'humanité. Ce destin tragique se perçoit ainsi dans le drame naturellement vécu par ces minorités, sur le plan économique et social, mais surtout dans ce fait : les victimes d'une telle horreur s'imprègnent à leur tour elles-mêmes, à cause de l'influence perverse de la majorité, de ce préjugé de race et elles se mettent à considérer d'autres semblables comme des inférieurs. Ce second aspect, plus épouvantable et plus morbide, doit être supprimé par une plus grande cohésion et par une éducation plus intelligente de la minorité.

L'énergie consciente des Noirs américains tendant à ce but, comprenons-la, pratiquons-la.

Allemagne et France

Une collaboration confiante entre l'Allemagne et la France ne peut s'installer que si la revendication française d'une garantie certaine en cas d'agression militaire est satisfaite. Mais si la France prétend à de telles exigences, cette position sera inévitablement mal ressentie en Allemagne.

Il doit être possible de procéder autrement : le gouvernement allemand propose spontanément au gouvernement français de soumettre d'un commun accord à la Société des Nations une motion recommandant à tous les États participants de s'engager sur les deux points suivants :

1. Chaque pays se soumet à toute décision de la Cour internationale d'arbitrage.

2. Chaque pays, en accord avec tous les autres États membres de la Société des Nations et au prix de toutes leurs ressources économiques et militaires, intervient contre tout État qui briserait la paix ou qui rejetterait une décision internationale dictée par l'intérêt de la paix mondiale.

L'Institut pour la coopération intellectuelle

Cette année, les hommes politiques européens compétents, pour la première fois, ont tiré les conséquences de leur expérience. Ils comprennent enfin que notre continent ne peut surmonter ses problèmes qu'en dépassant ces traditionnels conflits de systèmes politiques. L'organisation politique européenne se renforcerait, et la suppression des barrières douanières embarrassantes s'intensifierait. Cet objectif supérieur ne dépend pas de simples conventions étatiques. Il y faut d'abord et avant tout une propédeutique des esprits. Éveillons donc, il le faut, dans les hommes un sentiment de solidarité qui ne s'arrête pas aux frontières comme jusqu'ici c'est toujours le cas. S'inspirant de cet idéal, la Société des Nations a créé la Commission de coopération intellectuelle. Cette commission doit être un organisme absolument international, éloigné de toute politique, préoccupé exclusivement, dans tous les domaines de la vie intellectuelle, de mettre en communication les centres culturels nationaux, isolés depuis la guerre. Tâche bien lourde ! Car, ayons le courage de l'avouer – tout au moins dans les pays que je connais le mieux –, les savants et les artistes se laissent plus facilement inspirer par les tendances nationalistes complaisantes que les hommes doués pour des idéaux plus généreux.

Jusqu'à présent cette commission siégeait deux fois par an. Pour obtenir des résultats plus efficaces, le gouvernement français a décidé de créer et de maintenir permanent un Institut de coopération intellectuelle. Il vient de s'ouvrir ces jours-ci. Cet acte généreux du gouvernement français mérite la reconnaissance de tous.

Tâche aisée et magiquement efficace que de s'exalter en décernant des louanges ou en suggérant le grand silence sur le regrettable ou le critiquable ! mais le progrès de nos travaux ne progresse que par la droiture. Aussi je ne crains pas d'exprimer mon appréhension en même temps que ma joie pour cette création.

Chaque jour je vérifie que le plus redoutable ennemi de notre Commission se situe dans cette absence de conviction en son objectif politique. On devrait tout entreprendre pour affermir cette confiance et s'interdire tout ce qui y porterait atteinte.

Quand le gouvernement français installe et entretient à Paris, grâce aux finances publiques, un institut organe permanent de la Commission, avec un citoyen français comme directeur, on donne l'impression à ceux qui en sont éloignés que l'influence française dans cette Commission est prépondérante. Cette impression se renforce d'elle-même, puisque jusqu'à présent le président de la Commission lui-même était un Français. Même si les hommes en question sont estimés de tous et partout, même s'ils bénéficient de la plus haute sympathie, cette impression se maintient. *Dixi et salvavi animam meam.* J'espère de tout cœur que ce nouvel institut réussira, en parfaite et constante harmonie avec la Commission, à mieux s'approcher des buts communs et à gagner la confiance et la reconnaissance des travailleurs intellectuels de tous les pays.

Civilisation et bien-être

Si l'on veut évaluer le désastre que la grande catastrophe politique a provoqué dans l'évolution de la civilisation, il faut se souvenir qu'une culture plus affinée ressemble à une plante fragile tributaire d'éléments complexes et ne se développe qu'en un petit nombre de lieux. Sa croissance exige un conditionnement délicat. Car une partie de la population d'un pays travaille sur des questions non directement indispensables à la conservation de la vie. Cela suppose une vivace tradition morale valorisant les biens et les produits de la civilisation. La possibilité de vivre est donnée à ceux qui y travaillent par ceux qui ne s'exercent qu'aux nécessités immédiates de la vie.

L'Allemagne appartenait dans les cent dernières années à ces cultures bénéficiant de ces deux conditions. Le niveau de vie restait sans doute limité, mais suffisant ; mais la tradition des valeurs, elle, s'avérait prépondérante et sur cette structure le peuple inventait des richesses culturelles indispensables au développement moderne. Aujourd'hui la tradition se maintient dans son ensemble, mais la qualité de la vie est modifiée. On a enlevé en grande partie à l'industrie du pays les sources de matière première sur lesquelles vivait la partie industrieuse de la population. Le surplus nécessaire aux travailleurs créateurs de valeurs intellectuelles s'est mis soudain à manquer. Alors un tel mode de vie entraîne la chute des valeurs de la tradition, et une des plantations les plus riches de la civilisation se transforme en un désert.

Puisqu'elle accorde tant de prix aux valeurs intellectuelles, l'humanité doit se préserver contre le cancer en ce domaine. Elle remédiera donc de toutes ses forces à la crise momentanée et réveillera une idéologie commune supérieure, reléguée à l'arrière-plan par l'égoïsme national : le prix des valeurs humaines se situe au-delà de toute politique et de toutes les barrières de frontières. Elle accordera à chaque peuple les conditions de travail qui permettent réellement de vivre et donc de créer ces valeurs de civilisation.

Symptomes d'une maladie de la vie culturelle

L'échange inconditionnel des idées et des découvertes s'impose pour un progrès harmonieux de la Science et de la vie culturelle. À mon avis, indubitablement l'intervention des puissances politiques de ce pays a provoqué un désastre déjà apparent dans cette communication libre des connaissances entre individus. Il se manifeste d'abord dans le travail scientifique proprement dit. Puis, dans un deuxième temps, il se manifeste dans toutes les disciplines de la production. Les contrôles des instances politiques dans la vie scientifique de la nation se répercutent très profondément, par le refus de laisser voyager à l'étranger les savants d'ici et par le refus d'accueillir des savants étrangers ici, aux États-Unis. Une conduite aussi pitoyable pour un pays aussi puissant n'est que le symptôme apparent d'une maladie profondément cachée.

Mais aussi les interventions dans la liberté de communiquer les résultats scientifiques oralement ou par écrit, mais aussi le comportement soupçonneux de la communauté, encadrée par une organisation policière gigantesque mettant en question l'opinion politique de chacun, mais aussi l'angoisse pour chaque individu devant éviter ce qui le rendrait probablement suspect et qui compromettrait alors son existence économique, tout cela constitue pour l'instant simplement des symptômes. Mais ils révèlent des caractères inquiétants, les symptômes du mal.

Ce mal véritable s'élabore dans la psychose engendrée par la guerre puis proliférant partout : en temps de paix, nous devons organiser tout notre conditionnement de vie, en particulier notre travail, pour être assurés de la victoire en cas de guerre.

Cette proposition en provoque une autre : notre liberté et notre existence sont menacées par de puissants ennemis.

Cette psychose explique les abominations décrites comme symptômes. Elle doit – sauf si guérison – inéluctablement entraîner à la guerre et donc à l'anéantissement général. Elle s'exprime parfaitement dans le budget des États-Unis.

Quand nous aurons triomphé de cette obsession, nous pourrons aborder de façon intelligente le véritable problème politique : Comment assurer sur une terre désormais trop petite l'existence et les relations humaines ? Pourquoi tout cela ? Parce que nous ne pourrons pas nous libérer des symptômes connus et des autres si nous n'attaquons pas la maladie en ses racines.

Réflexions sur la crise économique mondiale

Si quelque raison peut pousser un profane en questions économiques à donner courageusement son opinion sur le caractère des difficultés économiques angoissantes de notre époque, c'est assurément la confusion désespérante des diagnostics établis par les spécialistes. Ma réflexion n'est pas originale et ne représente que la conviction d'un homme indépendant et honnête – sans préjugés nationalistes et sans réflexes de classe – qui désire ardemment et exclusivement le bien de l'humanité et une organisation plus harmonieuse de l'existence humaine. J'écris comme si j'étais assuré de la vérité de mes propositions mais je l'écris simplement pour la forme la plus commode de l'expression et non comme témoignage d'une excessive confiance en moi-même ou comme conviction de l'infaillibilité de mes simples conceptions, sur des problèmes en fait affreusement complexes.

Je crois que cette crise est singulièrement différente des crises précédentes parce qu'elle dépend de circonstances radicalement nouvelles conditionnées par le fulgurant progrès des méthodes de production. Pour la production de la totalité des biens de consommation nécessaires à la vie, seule une fraction de la main-d'œuvre disponible devient indispensable. Or, dans ce type d'économie libérale, cette évidence détermine forcément un chômage.

Pour des raisons que je n'analyse pas ici, la majorité des hommes se voit contrainte dans ce type d'économie libérale de travailler pour un salaire journalier assurant son vital. Supposons deux fabricants de la même catégorie de marchandises, à conditions égales d'ailleurs ; l'un produit à meilleur marché s'il emploie moins d'ouvriers, s'il fait travailler plus longtemps et avec le rendement le plus proche des possibilités physiques de l'homme. Il en résulte nécessairement que dans les conditions actuelles des méthodes de travail, seule une partie de la force de travail peut être utilisée. Et tandis que cette fraction est occupée déraisonnablement, le reste inéluctablement se voit exclu du cycle de production. Donc l'écoulement des marchandises et la rentabilité des produits diminuent. Les entreprises tombent en faillite financière. Le chômage s'accroît et la confiance dans les entreprises diminue, ainsi que la participation du public vis-à-vis des banques d'affaires. Les banques vont alors se trouver obligées de cesser leurs paiements parce que le public retire ses dépôts et que l'économie tout entière se bloque.

On peut tenter d'expliquer la crise par d'autres raisons. Je vais les analyser.

Surproductions : Distinguons deux choses, la surproduction réelle et la surproduction apparente. Par surproduction réelle, je veux souligner l'excès par rapport aux besoins : même s'il subsiste un doute, c'est probablement le cas aujourd'hui de la production de voitures automobiles et de blé aux États-Unis. Souvent on comprend par surproduction l'état dans lequel la production d'une catégorie de marchandises se montre supérieure à ce qui peut en être vendu dans les conditions présentes du marché, alors que les produits manquent aux consommateurs. Cela, c'est la surproduction apparente. Dans ce cas, ce n'est pas le besoin qui fait défaut, mais le pouvoir d'achat des consommateurs. Cette surproduction apparente n'est qu'un autre aspect de la crise et ne peut donc pas servir comme explication générale. On raisonne donc de façon spécieuse si on rend responsable de la crise actuelle la surproduction.

Réparations : Les obligations de fournir les paiements des différentes réparations pèsent sur les pays débiteurs et sur leur économie. Elles contraignent ces pays à pratiquer une politique de « dumping » et par conséquent elles nuisent ainsi aux pays créanciers. Cette loi est incontestable. Mais l'apparition de la crise aux États-Unis, pays protégé par une barrière douanière, prouve que la cause principale de la crise mondiale n'est pas là. À cause du paiement des réparations, la raréfaction de l'or dans les pays débiteurs peut servir d'argument, tout au plus pour invoquer un motif de supprimer ces paiements, mais jamais pour expliquer la crise mondiale.

L'ÉTABLISSEMENT DE NOMBREUSES BARRIÈRES DOUANIÈRES NOUVELLES, L'ACCROISSEMENT DES CHARGES IMPRODUCTIVES DUES AUX ARMEMENTS, L'INSÉCURITÉ POLITIQUE PARCE QUE LE DANGER DE GUERRE EST CONSTANT : toutes ces raisons expliquent la dégradation considérable de la situation de l'Europe, sans atteindre profondément et réellement l'Amérique. L'apparition de la crise en Amérique permet de voir que les causes invoquées ne sont pas les causes fondamentales de la crise.

ABSENCE DES GRANDES PUISSANCES CHINE ET RUSSIE : cette dégradation de l'économie mondiale ne peut se faire sentir beaucoup en Amérique, et ne peut donc être la cause principale de la crise.

PROGRESSION ÉCONOMIQUE DES CLASSES INFÉRIEURES DEPUIS LA GUERRE : si cela s'avérait, cela produirait la rareté des marchandises et non l'excès d'offres.

Je ne veux pas exaspérer le lecteur par l'énumération d'autres arguments qui, à mon avis, n'atteignent pas le cœur du problème. Un point subsiste. Ce même progrès technique qui pourrait libérer les hommes d'une grande partie du travail nécessaire à leur vie est le responsable de la catastrophe actuelle. D'où certains analystes qui ont voulu le plus sérieusement du monde refuser l'introduction des techniques modernes ! C'est le parfait non-sens ! Mais comment, de façon plus intelligente, sortir de cette impasse ?

Si, par un quelconque moyen, on réussissait à empêcher que le pouvoir d'achat des masses s'établisse au-dessous d'un niveau jugé minimal (évalué en coût de marchandises), les dérèglements des circuits économiques, ceux que nous vivons actuellement, seraient rendus impossibles.

En logique, la méthode la plus simple mais aussi la plus audacieuse pour empêcher une crise, c'est la planification économique dans la production et la distribution des biens de consommation à travers toute la communauté. Essentiellement, c'est l'expérience tentée aujourd'hui en Russie. Bien des choses dépendront des résultats de cette expérience violente. Mais dans cette conjonction, vouloir prophétiser serait téméraire. Dans un système de ce type, peut-on obtenir la même production économique que dans un système accordant à l'initiative de l'individu plus d'indépendance ? Ce système peut-il se maintenir sans la terreur exercée jusqu'à aujourd'hui, terreur à laquelle aucun de nous, marqué par les valeurs « occidentales », n'accepterait de se soumettre ? Ce système économique figé et centralisé ne risque-t-il pas de s'interdire toute innovation avantageuse et de devenir une économie protégée ? Il faut absolument éviter de laisser nos pensées se changer en préjugés qui empêcheraient la formation d'un jugement objectif.

Personnellement, j'estime qu'il faut en général privilégier les méthodes qui s'intègrent aux traditions et aux coutumes, lorsqu'elles s'accordent au but envisagé. J'estime aussi que le changement brutal de la direction de la production au profit de la communauté n'est pas avantageux. L'initiative privée doit garder son terrain d'action si, sous la forme de cartel, elle n'a pas été supprimée par le système lui-même.

De toutes les façons, l'économie libre doit s'imposer des limites sur deux points. Le travail hebdomadaire dans les unités de production sera réduit par des dispositions légales pour systématiquement enrayer le chômage. La fixation des salaires minima sera établie pour faire correspondre le pouvoir d'achat du salarié avec la production.

De plus, dans les productions qui, par l'organisation des producteurs, jouissent de l'avantage monopolistique, l'État fixera et contrôlera les prix, afin de contenir l'expansion du capitalisme dans des limites raisonnables et d'empêcher une asphyxie provoquée soit par la production, soit par la consommation.

Ainsi il serait peut-être possible de rééquilibrer la production et la consommation sans limiter lourdement l'initiative privée et en même temps il serait peut-être possible de supprimer, au sens le plus strict du mot, l'intolérable pouvoir du capitaliste, avec ses moyens de production (terrains, machines), sur les salariés.

La production et le pouvoir d'achat

Je ne pense pas que la connaissance des capacités de production et de consommation soit la panacée pour résoudre la crise actuelle, parce que cette connaissance, en général, ne s'élabore que plus tard. En Allemagne, le mal ne consiste pas dans l'hypertrophie des moyens de production, mais dans la faiblesse du pouvoir d'achat de la plus grande partie de la population chassée du circuit de la production par la rationalisation.

L'étalon-or a le défaut majeur que la pénurie d'encaisse-or entraîne automatiquement pénurie du volume de crédit et des moyens de paiement en circulation. Les prix et les salaires ne peuvent pas s'adapter suffisamment rapidement à cette pénurie.

Pour supprimer ces inconvénients, il faut, selon moi :

1. Diminution légale et graduée, selon les professions, du temps de travail pour supprimer le chô-

mage ; parallèlement, fixation d'un salaire minimum pour garantir le pouvoir d'achat des masses en fonction des marchandises produites.

2. Régulation des stocks de monnaie en circulation et du volume des crédits, en maintenant constant le prix moyen des marchandises et en supprimant toute garantie particulière.

3. Limitation légale du prix des marchandises qui, à cause des monopoles ou des cartels institués, se dérobent de fait aux lois de la libre concurrence.

Production et travail

« Cher Monsieur Cederstroem,

Je vois un vice capital dans la liberté presque illimitée du marché du travail parallèlement aux progrès fantastiques des méthodes de production. Pour correspondre effectivement aux besoins actuels, toute la main-d'œuvre actuellement disponible est largement inutile. D'où le chômage et la concurrence malsaine entre les salariés et, s'ajoutant à ces deux causes, la diminution du pouvoir d'achat et une asphyxie intolérable de tout le circuit vital de l'économie.

Je sais que les économistes libéraux affirment qu'un accroissement des besoins compense toute diminution de main-d'œuvre. Sincèrement je ne le crois pas. Et même si c'était vrai, ces facteurs aboutiraient à ce qu'une grande partie de l'humanité voie anormalement diminuer son train de vie.

Avec vous aussi je crois qu'il faut absolument veiller à ce que les jeunes puissent prendre part aux processus de la production. Il le faut. Les vieux doivent être exclus de certains travaux – je nomme cela le travail sans qualification – et recevoir en compensation une certaine rente, puisque jadis, ils ont fourni, assez longtemps, un travail productif reconnu par la société.

Moi aussi je suis pour la suppression des grandes villes. Mais je me refuse à voir établir une catégorie particulière de gens, par exemple les vieux, dans des villes particulières. Je déclare que cette pensée me paraît abominable.

Il faut empêcher les fluctuations de la valeur de la monnaie et, dans cette intention, remplacer l'étalon-or par une parité à base de quantités déterminées de marchandises, calquées sur les besoins vitaux, comme, si je ne me trompe, Keynes l'a depuis longtemps déjà proposé. Par la mise en place de ce système, on pourrait concéder un certain taux d'inflation à la valeur de l'argent pourvu qu'on estime l'État capable de faire un emploi intelligent de ce qui représente pour lui un véritable cadeau.

Les faiblesses de votre projet se manifestent à mon avis dans l'absence d'importance accordée aux motifs psychologiques. Le capitalisme a suscité les progrès de la production mais aussi ceux de la connaissance, et ce n'est pas un hasard. L'égoïsme et la concurrence restent hélas plus puissants que l'intérêt général ou que le sens du devoir. En Russie, on ne peut même pas obtenir un bon morceau de pain. Sans doute suis-je trop pessimiste sur les entreprises étatiques ou communautés similaires mais je n'y crois guère. La bureaucratie réalise la mort de toute action. J'ai vu et vécu trop de choses décourageantes même en Suisse, pourtant relativement un bon exemple.

J'incline à penser que l'État peut être réellement efficace en cadrant les limites et en harmonisant les mouvements du monde du travail. Il doit veiller à cantonner la concurrence des forces de travail dans les bornes humaines, à assurer à tous les enfants une éducation solide, à garantir un salaire assez élevé pour que les biens produits soient achetés. Par son statut de contrôle et de réglementation, l'État peut réellement intervenir, si ses décisions sont préparées par des hommes compétents et indépendants, en toute objectivité. »

Remarques sur la situation actuelle de l'Europe

La situation politique actuelle du monde et particulièrement de l'Europe me semble caractérisée par un décalage brutal : l'évolution politique, dans les faits et dans les idées, a pris un énorme retard sur le monde économique radicalement modifié en un temps extrêmement court. Les intérêts des États individuels doivent se subordonner aux intérêts d'une communauté singulièrement élargie. Le combat pour cette nouvelle conception de la pensée et du sentiment politique se heurte aux traditions séculaires. Mais à sa victoire bénéfique se rattache la possibilité pour l'Europe d'exister. C'est ma conviction que la solution du problème réel ne tardera pas à venir dès que ces problèmes psychologiques auront été surmontés. Pour établir une atmosphère propice, il faut avant tout unifier les efforts personnels de ceux qui poursuivent le même idéal. Puissent ces efforts combinés aboutir à créer un pont de confiance réciproque entre les peuples !

Au sujet de la cohabitation pacifique des nations

Une contribution au programme de télévision de madame Roosevelt

Je vous suis infiniment reconnaissant, madame Roosevelt, de m'offrir l'occasion d'exprimer ma conviction sur cette question politique capitale.

La conviction d'acquérir la sécurité par l'armement national n'est qu'une sinistre illusion si l'on réfléchit à l'état actuel de la technique militaire. Aux États-Unis, cette illusion a été particulièrement renforcée par une autre illusion, celle d'avoir été le premier pays capable de fabriquer une bombe atomique. On aimerait se persuader qu'on avait trouvé les moyens d'atteindre la supériorité militaire définitive. Car on pensait que, par ce biais, on pourrait dissuader tout adversaire potentiel et ainsi se sauver soi-même et en même temps toute l'humanité ; ceci correspondait au vœu de sécurité exigé par tous. La maxime, conviction absolue de ces cinq dernières années, se résumait ainsi : la sécurité avant tout, quelle que soit la dureté de la contrainte, quel qu'en soit le prix.

Voilà la conséquence inévitable de cette attitude mécanique, technico-militaire et psychologique. Toute question de politique extérieure n'est plus envisagée que sous un seul angle. « Comment agir pour qu'en cas de guerre nous puissions l'emporter sur notre adversaire ? » Établissement de bases militaires sur tous les points du globe, vulnérables et stratégiquement essentiels ; armement et renforcement de la puissance économique d'alliés potentiels. À l'intérieur des États-Unis, concentration d'une puissance financière fabuleuse aux mains des militaires, militarisation de la jeunesse, surveillance de l'esprit civique loyal des citoyens et particulièrement des fonctionnaires par une police de jour en jour plus puissante, intimidation des gens pensant différemment en politique, influence sur la mentalité des populations par radio, presse, école ; censure de domaines croissants dans la communication, sous le prétexte invoqué du secret militaire.

Autres conséquences : la course aux armements entre États-Unis et Russie, d'abord estimée nécessaire comme préventive, prend maintenant un aspect hystérique. Dans les deux camps, la fabrication des armes de destruction massive se poursuit avec une hâte fébrile et dans le plus grand mystère.

La bombe H apparaît à l'horizon comme un objectif vraisemblablement possible. Sa fabrication accélérée est solennellement annoncée par le Président. Si cette bombe est réalisée, elle entraînera la contamination radioactive de l'atmosphère et ainsi l'anéantissement de toute vie sur la terre aussi loin que la technique le rendra possible. L'horreur dans cette escalade consiste en son apparente inéluctabilité. Chaque progrès semble la conséquence inévitable du progrès précédent. L'anéantissement général représente de plus en plus la conséquence inéluctable.

Dans les circonstances actuelles, peut-on penser un moyen de se sauver alors que nous créons nous-mêmes les conditions de notre mort ? Tous, et en particulier ceux qui sont responsables de la politique des États-Unis et de l'U.R.S.S., doivent apprendre à comprendre qu'ils ont certes vaincu un ennemi extérieur mais qu'ils ne sont pas capables de se libérer de cette psychose engendrée par la guerre. On ne peut pas arriver à une véritable paix si on détermine sa politique exclusivement sur l'éventualité d'un futur conflit, surtout quand il est devenu évident qu'un tel conflit signifierait anéantissement définitif. La ligne directrice de toute politique devrait être : que pouvons-nous faire pour inciter les nations à vivre en commun pacifiquement et aussi bien que possible ? L'élimination de la peur et de la défense réciproque, voilà le premier problème. Le solennel refus d'utiliser la force les uns contre les autres (et pas seulement le renoncement à l'utilisation des moyens de destruction massive) s'impose absolument. Un tel refus n'a d'efficacité qu'en se référant à l'établissement d'une autorité internationale judiciaire et exécutive, à laquelle serait déléguée la résolution de tout problème concernant directement la sécurité des nations. La proclamation des nations de participer loyalement à l'installation d'un gouvernement mondial restreint diminuerait déjà singulièrement le risque de guerre.

La coexistence pacifique des hommes se fonde d'abord sur la confiance mutuelle, et après seulement sur des institutions comme la justice ou la police. Cette règle s'applique aux nations comme aux individus. La confiance implique la relation sincère du « *give and take* », c'est-à-dire du donner et du prendre.

Que penser du contrôle international ? Il peut rendre service accessoirement dans sa fonction policière. Mais surtout ne surestimons pas son efficacité. Une comparaison avec le temps de la « prohibition » laisse songeur !

Pour la protection du genre humain

La découverte des réactions atomiques en chaîne ne constitue pas pour l'humanité un danger plus grand que l'invention des allumettes. Mais nous devons tout entreprendre pour supprimer le mauvais usage du moyen. Dans l'état actuel de la technologie, seule une organisation supranationale peut nous protéger, si elle dispose d'un pouvoir exécutif suffisant. Quand nous aurons reconnu cette évidence, nous trouverons alors la force d'accomplir les sacrifices nécessaires pour la sauvegarde du genre humain. Chacun de nous serait coupable si l'objectif n'était pas atteint à temps. Le danger consiste en ce que chacun, sans rien faire, attende qu'on agisse pour lui. Tout individu, avec des connaissances limitées ou même avec des connaissances superficielles fondées sur l'environnement technique, se sent tenu d'éprouver du respect pour les progrès scientifiques réalisés pendant notre siècle. On ne risque pas de trop exalter les réalisations scientifiques contemporaines, si on garde présents à l'esprit les problèmes fondamentaux de la Science. Même chose que pendant un voyage en chemin de fer ! Observe-t-on le proche paysage, le train nous semble s'envoler. Mais observe-t-on les grands espaces et les grandes cimes, le paysage ne change que lentement. Il en est de même quand on réfléchit aux grands problèmes de la Science.

Il est sans intérêt à mon sens de discuter sur « *our way of life* » ou sur celle des Russes. Dans les deux cas, un ensemble de traditions et de coutumes ne constitue pas un ensemble très structuré. Il est beaucoup plus intelligent de s'interroger pour connaître les institutions et les traditions utiles ou nuisibles aux hommes, bénéfiques ou maléfiques pour leur destin. Il faut alors tenter d'utiliser ainsi le meilleur désormais reconnu, sans se préoccuper de savoir si on le réalise actuellement chez nous ou ailleurs.

Nous les héritiers

Les précédentes générations ont pu estimer que les progrès intellectuels et sociaux ne représentaient que les fruits du travail de leurs ancêtres, fournissant ainsi une vie plus facile, plus belle. Les épreuves cruelles de notre temps prouvent qu'il s'agit là d'une illusion lourde de conséquences.

Nous comprenons mieux maintenant que les efforts les plus considérables doivent être entrepris pour que l'héritage devienne pour l'humanité non une catastrophe, mais une chance. Si jadis un homme incarnait une valeur aux yeux de la société quand il dépassait d'une certaine mesure son égoïsme personnel, on doit exiger de lui aujourd'hui qu'il dépasse l'égoïsme de son pays et de sa classe. Seulement alors, arrivé à cette maîtrise, il pourra améliorer le destin de la communauté humaine.

Face à cette redoutable exigence de notre époque, les habitants de petits États occupent une position relativement plus favorable que les citoyens des grands États exposés aux démonstrations de la force brutale politique et économique. La convention entre Hollande et Belgique qui, ces derniers temps, éclaire seule d'une petite flamme les progrès de l'Europe, permet d'espérer que les petites nations détiennent un rôle essentiel : leur façon de lutter et leur refus d'une autodétermination illimitée pour un petit État isolé aboutiront à une libération de l'esclavage dégradant du militarisme.

3

Lutte contre le national-socialisme. Profession de foi

Mars 1933.

Je refuse de séjourner dans un pays où la liberté politique, la tolérance et l'égalité ne seront pas garanties par la loi. Je maintiendrai cette attitude aussi longtemps que nécessaire. Par liberté politique je comprends la liberté d'exprimer publiquement ou par écrit mon opinion politique, et par tolérance j'entends le respect de toute conviction individuelle.

Or l'Allemagne actuelle ne correspond pas à ces conditions. Les hommes les plus dévoués à la cause internationale et certains grands artistes y sont persécutés.

Comme tout individu, tout organisme social peut tomber malade psychologiquement, surtout aux époques de crise. Les nations ont à cœur généralement de surmonter de telles maladies. J'espère donc que des relations saines se rétabliront en Allemagne et qu'à l'avenir des génies comme Kant et Goethe n'offriront pas l'occasion rituelle d'une fête culturelle, mais que les principes essentiels de leurs œuvres s'imposeront concrètement dans la vie publique et la conscience de tous.

Correspondance avec l'Académie des Sciences de Prusse

Déclaration de l'Académie du 1ᵉʳ avril 1933.

Avec indignation l'Académie des Sciences de Prusse a pris connaissance par les articles des journaux de la participation d'Albert Einstein à l'abominable campagne de presse menée en France et en Amérique. Elle a donc immédiatement exigé de lui des explications. Entretemps, Einstein a donné sa démission de l'Académie, invoquant comme prétexte qu'il ne pouvait plus se considérer citoyen prussien sous un tel régime. Et puisqu'il fut citoyen suisse, il semble ainsi se proposer de renoncer à la nationalité prussienne acquise en 1913, quand il fut admis à l'Académie comme membre ordinaire.

L'Académie des Sciences de Prusse ressent ce comportement contestataire d'A. Einstein à l'étranger avec d'autant plus de tristesse qu'elle et ses membres, depuis de longues années, se sentent profondément attachés à l'État de Prusse et que malgré les réserves qu'ils s'imposent strictement dans le domaine politique, ils ont toujours défendu et exalté l'idée de la Nation. Aussi pour cette raison, l'Académie ne se découvre aucun motif pour regretter le départ d'Einstein.

Pour l'Académie des Sciences de Prusse,
Prof. Docteur Ernst Heymann, Secrétaire perpétuel.

Réponse d'A. Einstein à l'Académie des Sciences de Prusse

Le Coq, près Ostende, 5 avril 1933.

J'ai appris d'une source absolument certaine que l'Académie des Sciences a parlé dans une déclaration officielle de « participation d'Albert Einstein à l'abominable campagne de presse menée en France et en Amérique ».

Je déclare que je n'ai jamais participé à une campagne et je dois ajouter que je n'ai jamais assisté à quelque chose de ce genre. En revanche, en tout et pour tout, dans certaines réunions on s'est contenté d'évoquer et de commenter les ordonnances et manifestations officielles des personnalités responsables du gouvernement allemand, ainsi que le programme concernant l'anéantissement des juifs allemands dans le domaine économique.

Les déclarations que j'ai remises à la presse concernent ma démission de l'Académie et ma renonciation à la citoyenneté prussienne. J'ai fondé ma décision sur cet argument : je ne vivrai jamais où les citoyens subissent l'inégalité des droits devant la loi et où les idées et l'enseignement dépendent d'un contrôle de l'État.

J'ai déjà expliqué précisément mon point de vue sur l'Allemagne actuelle, avec ces masses rendues malades psychiquement, et j'ai aussi expliqué mon opinion sur les causes de cette maladie.

Dans un écrit que j'ai remis, à des fins de diffusion, à la Ligue internationale pour la lutte contre l'antisémitisme – texte non directement destiné à la presse –, je demandais à tous les hommes sensés et restés fidèles aux idéaux d'une civilisation menacée d'unir tous leurs efforts pour que cette psychose des masses se manifestant en Allemagne d'une façon si hideuse ne s'étende pas davantage.

Il aurait été facile pour l'Académie de se procurer le texte exact de mes déclarations avant de se prononcer sur moi de cette façon, et comme elle l'a fait. La presse allemande a reproduit mes déclarations de façon tendancieuse, comme on peut s'y attendre d'une presse bâillonnée comme celle d'aujourd'hui. Je me déclare responsable de tout mot publié par moi. Et j'attends, puisqu'elle s'est associée à cette diffamation, qu'elle porte cette déclaration à la connaissance de ses membres, ainsi que du public allemand devant lequel j'ai été calomnié.

Deux lettres de l'Académie de Prusse

1

Berlin, le 7 avril 1933.

« Très honoré Monsieur le Professeur,

Comme secrétaire actuellement en service de l'Académie de Prusse, j'accuse réception de votre communication datée du 28 mars, par laquelle vous démissionnez de cette Académie. Dans la séance plénière du 30 mars, l'Académie a pris connaissance de votre départ.

Si l'Académie regrette profondément cette issue, ce regret se fonde essentiellement sur ce fait qu'un homme de la plus haute valeur scientifique, que l'activité poursuivie pendant de longues années parmi les Allemands et l'appartenance à notre Académie auraient dû intégrer à la manière d'être et de penser allemande, se soit adapté, actuellement et à l'étranger, à un milieu qui – certainement et partiellement par méconnaissance des circonstances et des événements réels – s'évertue à diffuser des jugements erronés et des soupçons injustifiés pour nuire au peuple allemand. D'un homme, qui a si longtemps appartenu à notre Académie, nous aurions espéré avec certitude que, sans égards pour sa position politique personnelle, il se soit rangé du côté de ceux qui, à notre époque, défendent notre peuple contre une campagne de calomnies. En ces jours de soupçons en partie scandaleux, en partie ridicules, combien puissant à l'étranger se serait imposé votre témoignage en faveur du peuple allemand ! Qu'à l'inverse votre témoignage ait pu être récupéré par ceux qui, dépassant le stade de désapprobation du gouvernement actuel, se considèrent en droit de récuser et de combattre le peuple allemand, cela nous a causé une sévère et amère désillusion, qui nous aurait contraints à une séparation, même si votre lettre de démission ne nous était parvenue.

Avec nos profonds respects, von Ficker. »

2

Le 11 avril 1933.

« L'Académie des Sciences communique à ce sujet, que sa déclaration du 1er avril 1933 ne se fonde pas exclusivement sur les comptes rendus de presse allemande mais surtout sur les journaux étrangers, particulièrement belges et français, que M. Einstein n'a pas récusés ! De plus, elle a pris connaissance, entre autres choses, de sa déclaration à la Ligue contre l'antisémitisme, déclaration largement diffusée sous sa forme littérale dans laquelle il dirige ses attaques contre le retour allemand à la barbarie de temps révolus depuis longtemps. L'Académie constate d'ailleurs que M. Einstein qui, selon sa propre déclaration, n'a participé à aucune campagne, n'a absolument rien fait pour contester les calomnies et les diffamations alors que l'Académie estimait qu'un de ses membres depuis de si longues années se devait d'y faire face. Bien au contraire M. Einstein a fait des déclarations à l'étranger et, en tant que témoignage d'un homme de réputation internationale, elles ont été récupérées et déformées par ces milieux qui désapprouvent l'actuel gouvernement allemand et contestent et condamnent la totalité du peuple allemand.

Pour l'Académie des Sciences de Prusse, H. von Ficker, E. Heymann, Secrétaires perpétuels. »

Réponse d'Albert Einstein

Le Coq/Mer, Belgique, le 12 avril 1933.

« Je reçois votre lettre du 7 avril et je déplore énormément l'état d'esprit qu'elle révèle.

Quant aux faits, voilà ma réponse.

Votre affirmation sur mon attitude reprend sous une autre forme votre déclaration antérieure ; vous m'accusez d'avoir participé à une campagne contre le peuple allemand. Je répète ma précédente lettre : votre affirmation est une calomnie.

Vous faites en outre observer qu'un "témoignage" de ma part en faveur du "peuple allemand" aurait eu une immense répercussion à l'étranger. À cela je réponds. Un tel témoignage, comme vous l'imaginez, signifierait pour moi la négation de toutes les conceptions de justice et de liberté pour lesquelles j'ai combattu toute ma vie. Un tel témoignage, comme vous dites, n'aurait pas servi l'honneur du peuple allemand, dégradé et avili. Il n'aurait pas la place d'honneur que le peuple allemand s'est acquise dans la civilisation mondiale. Par un tel témoignage dans les circonstances actuelles et même de façon indirecte, j'aurais permis le terrorisme des mœurs et l'annihilation de toutes les valeurs.

Justement pour ces raisons je me suis senti moralement obligé de quitter l'Académie. Votre lettre me confirme combien j'ai eu raison de le faire. »

Une lettre de l'Académie des Sciences de Bavière

Munich, le 8 avril.

« Monsieur,

Dans votre lettre à l'Académie des Sciences de Prusse vous avez motivé votre démission par l'état de fait régnant en Allemagne. L'Académie des Sciences de Bavière qui vous a élu il y a quelques années comme membre correspondant, est également une Académie allemande, en totale solidarité avec l'Académie de Prusse et les autres. Donc votre rupture avec l'Académie des Sciences de Prusse ne peut rester sans influence sur vos relations avec notre Académie.

Nous devons donc vous demander comment, après ce qui s'est passé entre vous et l'Académie de Prusse, vous envisagez vos relations avec nous ?

La Présidence de l'Académie
des Sciences de Bavière. »

Réponse d'Albert Einstein

Le Coq/Mer, le 21 avril 1933.

« J'ai fondé ma démission de l'Académie des Sciences de Prusse sur cette évidence : dans la situation présente, je ne puis ni être citoyen allemand ni me trouver, de quelque façon que ce soit, sous la tutelle du ministère de l'Instruction publique de Prusse. Cette raison en elle-même ne me contraindrait pas à une rupture avec l'Académie de Bavière. Si pourtant je désire que mon nom soit rayé de la liste des membres correspondants, j'ai une autre raison. Les Académies se reconnaissent essentiellement comme responsabilité la promotion et la sauvegarde de la vie scientifique d'un pays. Or les communautés culturelles allemandes ont, pour autant que je puisse le savoir, accepté sans protester qu'une partie non négligeable de savants et étudiants allemands, ainsi que de travailleurs dépendant de l'instruction académique, soit privée de sa possibilité de travail et même de vivre en Allemagne ! À une Académie qui tolère une telle ségrégation, même sous la contrainte extérieure, je ne pourrai jamais collaborer ! »

Réponse à l'invitation de participer à une manifestation

[Ces lignes sont la réponse à l'invitation adressée à Einstein de participer à une manifestation française contre l'antisémitisme allemand.]

J'ai analysé soigneusement, à tous les points de vue, votre demande si importante. Car elle me concerne intimement. Je refuse de participer à votre manifestation, malgré son extrême importance, pour deux raisons :

D'abord je suis encore citoyen allemand et deuxièmement je suis juif. Je n'oublie pas que j'ai travaillé dans des institutions allemandes et que j'ai été considéré en Allemagne comme une personne de confiance. Même si je souffre et je déplore que des faits aussi inquiétants se produisent en Allemagne, même si je dois condamner les aberrations terrifiantes se réalisant avec la complicité active du gouvernement, je ne puis pas collaborer personnellement à une organisation émanant de personnalités officielles d'un gouvernement étranger. Pour apprécier ce point de vue correctement, je vous prie d'imaginer un citoyen français, placé dans une situation identique, c'est-à-dire organisant avec d'éminents hommes politiques allemands une manifestation contre les décisions du gouvernement français. Même si vous estimiez parfaitement fondée cette attitude, vous ressentiriez vraisemblablement la participation de votre concitoyen comme un acte de trahison ! Si Zola, au moment de l'affaire Dreyfus, s'était vu contraint de quitter la France, il n'aurait certainement pas participé à une manifestation de personnalités allemandes, même s'il l'eût, en fait, totalement approuvée. Il se serait cantonné à rougir de honte pour ses compatriotes.

Je suis juif. Aussi une protestation contre les injustices et les actes de violence acquiert une valeur incomparablement plus signifiante si elle provient de personnalités dont la participation se fonde exclusivement sur des sentiments d'humanité et d'amour de la justice. Mais moi, en tant que juif, je considère les autres juifs comme mes frères et je ressens l'injustice faite à un juif comme une injustice personnelle. Je pense que je ne puis prendre parti. Mais j'attends la prise de position de personnes non directement concernées.

Voilà mes raisons. Je n'oublie pas que j'ai toujours admiré et respecté le développement élevé du sentiment de la justice. Il constitue un des aspects les plus nobles de la tradition du peuple français.

4

Problèmes juifs

Les idéaux juifs

La passion de la connaissance pour elle-même, la passion de la justice jusqu'au fanatisme et la passion de l'indépendance personnelle expriment les traditions du peuple juif et je considère mon appartenance à cette communauté comme un don du destin.

Ceux qui se déchaînent aujourd'hui contre les idéaux de raison et de liberté individuelle et qui, avec les moyens du terrorisme, veulent réduire les hommes en esclaves imbéciles de l'État nous estiment équitablement leurs adversaires irréconciliables. L'histoire nous a déjà imposé un terrible combat. Mais aussi longtemps que nous défendons cet idéal de vérité, de justice et de liberté, nous continuons à exister comme un des plus anciens peuples civilisés, mais surtout nous accomplissons dans l'esprit de la tradition un travail créateur pour une amélioration de l'humanité.

Y a-t-il une conception juive du monde ?

Je ne pense pas qu'il existe une telle conception du monde, au sens philosophique du terme. Le judaïsme, presque exclusivement, traite de la morale, c'est-à-dire qu'il analyse une attitude dans et pour la vie. Le judaïsme incarne davantage les conceptions vivantes de la vie dans le peuple juif que la somme des lois contenues dans la Thora et interprétées dans le Talmud. Thora et Talmud représentent pour moi le témoignage le plus important de l'idéologie juive aux temps de son histoire ancienne.

La nature de la conception juive de la vie se traduit ainsi : droit à la vie pour toutes les créatures. La signification de la vie de l'individu consiste à rendre l'existence de tous plus belle et plus digne. La vie est sacrée, elle représente la valeur suprême à laquelle se rattachent toutes les valeurs. La sacralisation de la vie supra-individuelle incite à respecter tout ce qui est spirituel – aspect particulièrement significatif de la tradition juive.

Le judaïsme n'est pas une foi. Le Dieu juif signifie un refus de la superstition et une substitution imaginaire à cette disparition. Mais c'est également la tentation de fonder la loi morale sur la crainte, attitude déplorable et dérisoire. Je crois cependant que la puissante tradition morale du peuple juif s'est largement délivrée de cette crainte. On comprend clairement que « servir Dieu » équivaut à « servir la vie ». Pour ce but les meilleurs témoins du peuple juif, en particulier les prophètes et Jésus, se sont battus inlassablement.

Le judaïsme n'est pas une religion transcendante. Il ne s'occupe que de la vie qu'on mène, charnelle pour ainsi dire, et de rien d'autre. J'estime problématique qu'il puisse être considéré comme religion au sens habituel du terme, d'autant qu'on n'exige aucune croyance du juif mais plutôt un respect de la vie au sens supra-personnel.

Mais il existe enfin une autre valeur dans la tradition juive, se découvrant magnifiquement dans de nombreux psaumes. Une sorte de joie enivrante, un émerveillement devant la beauté et la majesté du monde exalte l'individu même si l'esprit n'arrive pas à concevoir l'évidence. Ce sentiment où la véritable recherche puise son énergie spirituelle rappelle la jubilation exprimée par le chant des oiseaux devant le spectacle de la nature. Ici s'exprime une sorte de ressemblance avec l'idée de Dieu, une sorte de balbutiement de l'enfant devant la vie.

Tout ceci caractérise le judaïsme et ne se rencontre pas ailleurs sous d'autres noms. En fait Dieu n'existe pas pour le judaïsme où le respect excessif de la lettre cache la pure doctrine. Mais je considère néanmoins le judaïsme comme un des symbolismes de l'idée de Dieu les plus purs et les plus vivaces, surtout parce qu'il recommande ce principe du respect de la vie.

Il est révélateur que dans les commandements de sanctification du Sabbat, les animaux soient expressément inclus, tellement la communauté des vivants est ressentie comme un idéal. Plus nettement encore s'exprime la solidarité entre les humains, et ce n'est pas un hasard si les revendications socialistes émanent surtout des juifs.

Combien vivace dans le peuple juif la conscience de la sacralisation de la vie ! Elle s'illustre fort bien même dans la petite histoire que me racontait Walter Rathenau un jour : « Quand un juif dit qu'il chasse pour son plaisir, il ment. » La vie est sacrée. La tradition juive exprime cette évidence.

Christianisme et judaïsme

Si l'on sépare le judaïsme des prophètes, et le christianisme tel qu'il fut enseigné par Jésus-Christ de tous les ajouts ultérieurs, en particulier ceux des prêtres, il subsiste une doctrine capable de guérir l'humanité de toutes les maladies sociales.

L'homme de bonne volonté doit essayer courageusement et à sa mesure dans son milieu de rendre vivante cette doctrine d'une humanité parfaite. S'il accomplit cette expérience loyalement, sans se laisser éliminer ou interdire par ses contemporains, il a le droit de s'estimer heureux lui et sa communauté.

Communauté juive

Discours prononcé à Londres

J'ai du mal à vaincre mon attirance pour une vie de retraite paisible. Mais je ne peux pas me dérober à l'appel des sociétés O.R.T. [Société d'encouragement du travail artisanal et agricole] et O.Z.E. [Société pour la protection de la santé des juifs]. Il évoque l'appel de notre peuple juif si durement persécuté. Et je lui réponds.

La situation de notre communauté juive dispersée sur la terre indique également la température du niveau moral dans le monde politique. Que pourrait-il exister de plus révélateur pour apprécier la qualité de la morale politique et du sentiment de la justice que l'attitude des nations face à une minorité sans défense dont la singularité consiste à vouloir maintenir une tradition culturelle ?

Or cette qualité disparaît à notre époque. Notre destin le vérifie tragiquement. Car l'attitude des hommes à notre égard en fournit la preuve : il faut donc consolider et maintenir cette communauté. La tradition du peuple juif comporte une volonté de justice et de raison, profitable à l'ensemble des peuples hier et demain. Spinoza et Karl Marx s'imprégnaient de cette tradition.

Qui veut maintenir l'esprit doit se préoccuper aussi du corps qui en est l'enveloppe. La société O.Z.E. rend service au corps de notre peuple, au sens littéral du terme. En Europe orientale, elle travaille inlassablement au maintien du bon état physique de notre peuple, déjà là-bas sévèrement opprimé dans sa survie économique, tandis que la société O.R.T. veille à conjurer une terrible injustice sociale et économique à laquelle le peuple juif depuis le Moyen Âge est soumis. En effet, depuis qu'au Moyen Âge les professions directement productives nous ont été interdites, nous avons été obligés de nous adonner à des professions mercantiles. Dans les pays orientaux, aider réellement le peuple juif consiste à lui donner libre accès à de nouveaux domaines professionnels et pour cette raison le peuple juif se bat dans le monde entier. La société O.R.T. travaille efficacement à résoudre ce problème délicat.

Vous, compatriotes anglais, vous êtes conviés à cette œuvre de grande envergure pour y participer en continuant le travail créé par des hommes supérieurs. Ces dernières années, et même ces derniers jours, nous ont causé une déception qui doit vous concerner de très près. Ne déplorons pas le sort ! Mais trouvons dans l'événement un motif supplémentaire de vivre et de maintenir notre fidélité à la cause de la communauté juive. Je crois très sincèrement qu'indirectement nous sauvegardons les objectifs communs de l'humanité. Or ils doivent toujours rester pour nous les plus élevés.

Réfléchissons aussi que difficultés et obstacles suscitent et provoquent la lutte, la santé et la vie de toute la communauté. La nôtre n'aurait pas survécu si nous n'avions éprouvé que les plaisirs. J'en suis intimement persuadé.

Une consolation plus belle encore nous attend. Nos amis ne forment pas un très grand nombre, mais parmi eux se trouvent des hommes d'une intelligence et d'un sens moral de la justice très élevés. Ils se sont donné pour idéal de vie de perfectionner la communauté humaine, et de libérer les individus de toute oppression dégradante.

Nous sommes contents et heureux de compter parmi nous aujourd'hui des hommes de cette nature. Ils n'appartiennent pas au monde juif mais ils confèrent à cette soirée importante une solennité particulière. Je me réjouis de voir en face de moi Bernard

Shaw et H. G. Wells. Leurs conceptions de la vie me séduisent.

Vous, Monsieur Shaw, vous avez réussi à gagner l'affection et l'estime joyeuse des hommes, dans un domaine où d'autres gagnèrent le martyre. Vous n'avez pas seulement prêché la morale aux hommes, mais vous vous êtes moqué de ce qui paraissait à tous le tabou inviolable. Ce que vous avez fait, seul un artiste le pouvait. Vous avez sorti de votre boîte magique d'innombrables figurines qui ressemblent aux humains, et vous les créez non de chair et d'os, mais d'esprit, de finesse et de grâce. Elles deviennent tellement plus semblables aux hommes que nous-mêmes, que l'on arrive à oublier que ce ne sont pas des créations de la nature, mais votre œuvre. Vous faites évoluer ces figurines dans un petit univers, où les grâces montent la garde et interdisent tout ressentiment. Quiconque a observé ce microscopique univers, découvre notre univers réel sous un éclairage nouveau. Il aperçoit vos petites figurines se glisser dans les hommes réels si habilement que ceux-ci prennent subitement une autre figure, bien différente de la précédente. Et pendant que vous nous présentez, à tous, le miroir, vous nous apprenez à nous libérer, comme presque aucun de nos contemporains ne le réussissait. Ainsi vous avez débarrassé l'existence de quelque chose de sa pesanteur terrestre. Nous vous en sommes reconnaissants du fond du cœur et félicitons le hasard qui nous a gratifiés, au travers de nos pénibles souffrances, d'un médecin de l'âme, d'un libérateur. Personnellement je vous remercie pour les paroles inoubliables adressées à mon frère mythique qui me complique beaucoup la vie, bien que dans sa grandeur figée, honorifique, il reste au fond un camarade inoffensif.

À vous, mes frères juifs, je répète que l'existence et le destin de notre peuple dépendent moins de facteurs extérieurs que du fait de rester fidèles à ces traditions morales qui nous ont maintenus pendant des siècles en vie, malgré les terribles orages qui se sont déchaînés sur nous. Se sacrifier au service de la vie équivaut à une grâce.

Antisémitisme et jeunesse académique

Tant que nous vivions dans un ghetto, notre appartenance au peuple juif entraînait des difficultés matérielles, parfois même des dangers physiques, en revanche jamais de problèmes sociaux et psychiques. Avec l'émancipation, cette situation de fait s'est radicalement modifiée, et en particulier pour ces juifs qui se sont orientés vers les professions intellectuelles.

Le jeune juif à l'école et à l'université reste sous l'influence d'une société structurée nationalement. Il la respecte, l'admire, en reçoit son bagage intellectuel ; il se sent lui appartenir mais en même temps il se sent traité par elle en étranger, avec un certain dédain et même une certaine aversion. Plus entraîné par l'influence suggestive de cette force psychique supérieure que par des considérations utilitaires, il oublie son peuple et ses traditions et s'estime définitivement intégré aux autres, alors qu'il cherche à se masquer, à lui et aux autres, mais inutilement, que cette conversion reste unilatérale. Voilà reconstituée l'histoire du fonctionnaire juif converti, hier comme aujourd'hui bien à plaindre ! Les causes en sont, non l'absence de caractère ou l'arrivisme, mais c'est plutôt, comme je vous l'ai souligné, la force de persuasion d'un entourage plus important en nombre et en influence. Évidemment bon nombre de fils très doués du peuple juif ont largement contribué aux progrès de la civilisation européenne, mais à part quelques exceptions, leur comportement n'a-t-il pas toujours été de cette nature ?

Comme dans toutes les maladies psychiques, la guérison exige une claire explication de la nature et des causes du mal. Nous devons parfaitement élucider notre condition d'étranger et en déduire les conséquences. Il est stupide de vouloir convaincre autrui par toutes sortes de raisonnements de notre identité intellectuelle et spirituelle avec lui. Car la base même de leur comportement n'est pas ressentie par la même écorce cérébrale. Nous devons nous émanciper socialement, apporter nous-mêmes une solution à nos besoins sociaux. Nous devons constituer nos propres sociétés d'étudiants, nous comporter vis-à-vis des non-juifs d'une façon courtoise mais logique. Nous voulons aussi vivre à notre manière, ne pas imiter les mœurs des bretteurs et des buveurs. Cela ne nous concerne pas. On peut connaître la culture de l'Europe et on peut vivre en bon citoyen d'un État sans cesser en même temps d'être un juif fidèle. Rappelons-le-nous et agissons ainsi ! Le problème de l'antisémitisme, dans son évidence sociale, sera alors résolu.

Discours sur l'œuvre de construction en Palestine

1. Voilà dix ans, j'ai eu la joie pour la première fois de vous rencontrer. Il s'agissait de faire progresser l'idée sioniste et tout était encore dans l'avenir. Aujourd'hui nous pouvons envisager ces dix ans passés avec une certaine joie. Car en ces dix ans, les forces rassemblées du peuple juif ont réalisé en Palestine une œuvre de construction magnifique et parfaitement efficace, bien supérieure à la plus folle de nos espérances.

Nous avons ainsi surmonté la dure épreuve que les événements des dernières années nous ont imposée. Un travail incessant, soutenu par une idéologie élevée, conduit lentement mais sûrement au succès. Les dernières déclarations du gouvernement anglais marquent un retour à une estimation plus correcte de notre situation. Nous le reconnaissons avec gratitude.

Mais n'oublions jamais la leçon de cette crise. L'établissement d'une coopération satisfaisante entre juifs et Arabes n'est pas le problème de l'Angleterre mais le nôtre. Nous, juifs et Arabes, nous devons nous entendre nous-mêmes sur les lignes directrices d'une politique de communauté efficace et adaptée aux besoins de nos deux peuples. Une solution honorable, digne de nos deux communautés, exige de nous la conviction suivante : l'objectif capital et magnifique compte autant que la réalisation du travail lui-même. Réfléchissons à cet exemple : la Suisse représente une évolution étatique plus progressiste que n'importe quel

État, justement à cause de la complexité des problèmes politiques. Mais leur solution exige par hypothèse une constitution stable, puisqu'elle concerne une communauté formée de plusieurs groupements nationaux.

Beaucoup reste à faire. Mais un des points les plus ardemment désirés par Herzl est déjà acquis. Le travail pour la Palestine a aidé le peuple juif à se découvrir une solidarité et à se forger un moral. Car tout organisme en a besoin pour se développer normalement. Celui qui désire réellement le comprendre observe cette évidence aujourd'hui.

Ce que nous réalisons pour l'œuvre commune, nous ne l'accomplirons pas seulement pour nos frères, en Palestine, mais pour la morale et la dignité de tout le peuple juif.

2. Nous sommes réunis aujourd'hui pour commémorer une communauté millénaire, son destin et ses problèmes. C'est une communauté de tradition morale qui, aux moments de l'épreuve, a toujours révélé sa force et son amour de la vie. À toutes les époques, elle a suscité des hommes qui ont incarné la conscience du monde occidental, et qui ont défendu la dignité de la personne humaine et de la justice.

Tant que cette communauté nous tiendra au cœur, elle se perpétuera pour le salut de l'humanité, bien que son organisation reste informelle. Voilà quelques décennies, des hommes intelligents, parmi lesquels l'inoubliable Herzl, ont pensé que nous avions besoin d'un centre spirituel pour maintenir, au moment de l'épreuve, le sentiment de la solidarité. Ainsi se sont développées la pensée sioniste et la colonisation en Palestine. Nous avons pu voir les succès de ses réalisations, surtout dans ses débuts pleins de promesses.

J'ai pu vérifier, avec satisfaction et bonheur, que cette œuvre comptait beaucoup pour le moral du peuple juif. Minorité à l'intérieur des nations, il connaît des problèmes de coexistence mais surtout il est confronté à d'autres dangers, plus intimes, inhérents à sa psychologie.

Ces dernières années, l'œuvre de construction a connu une crise qui a pesé lourdement sur nous, et n'est pas entièrement surmontée. Cependant, les dernières nouvelles prouvent que le monde, et en particulier le gouvernement anglais, sont disposés à reconnaître les valeurs morales élevées qui se découvrent dans notre ardeur pour la réalisation sioniste. En ce moment précis, nous avons une pensée reconnaissante pour notre chef Weizmann qui a permis le succès de la bonne cause par un dévouement et une prudence parfaits.

Les difficultés rencontrées ont provoqué d'heureuses conséquences. Elles ont à nouveau dévoilé la puissance des liens entre les juifs de tous les pays, surtout pour leur destin. Mais elles ont éclairci notre manière de voir le problème palestinien, l'ont libéré des impuretés d'une idéologie nationaliste. Il est clairement proclamé que notre but n'est pas la création d'une communauté politique, mais que notre idéal fondé sur l'antique tradition du judaïsme se propose la création d'une communauté culturelle, au sens le plus vaste du terme. Pour y parvenir nous devons résoudre, noblement, publiquement et dignement, le problème de la cohabitation avec le peuple frère des Arabes. Nous avons l'occasion de prouver ce que nous avons appris pendant les siècles d'un passé durement vécu. Si nous découvrons le droit chemin, nous gagnerons et servirons d'exemple aux autres peuples.

Ce que nous entreprenons pour la Palestine, nous l'accomplissons pour la dignité et la morale de tout le peuple juif.

3. Je me réjouis de l'occasion qui m'est offerte pour dire quelques mots à la jeunesse de ce pays, fidèle aux objectifs généraux du judaïsme. Ne vous laissez pas décourager par les difficultés auxquelles nous sommes confrontés en Palestine. Des situations de ce type constituent des expériences indispensables pour le dynamisme de notre communauté.

Nous avons critiqué à juste titre des mesures et des manifestations du gouvernement anglais. Nous ne devons pas nous en contenter mais chercher plutôt à en tirer les conséquences.

Nous devons apporter à nos relations avec le peuple arabe la plus extrême vigilance. Grâce à cette attitude, nous pourrons éviter qu'à l'avenir des tensions très dangereuses ne se manifestent, qui pourraient être récupérées pour une provocation à des actes belliqueux. Nous pourrons aisément atteindre notre objectif parce que notre réalisation a été et est entreprise de façon à servir aussi les intérêts concrets de la population arabe.

Nous réussirons alors à nous interdire cette situation aussi catastrophique pour les juifs que pour les Arabes, celle de faire appel à la puissance mandataire comme arbitre. Dans cet esprit, nous suivrons la voie de la sagesse, mais aussi des traditions qui donnent à la communauté juive son sens et sa force. Car cette communauté n'est pas politique et ne doit pas le devenir. Elle n'existe qu'exclusivement morale. Dans cette tradition seule, elle peut trouver de nouvelles énergies, et dans cette tradition seule, elle reconnaît sa justification d'être.

4. Depuis deux millénaires, la valeur commune à tous les juifs s'incarne par son passé. Pour ce peuple dispersé dans le monde n'existait qu'un seul lien, soigneusement maintenu, celui de la tradition. Évidemment des juifs en tant qu'individus ont créé de grandes valeurs de civilisation. Mais le peuple juif, en tant qu'ensemble, ne paraissait pas avoir la force des grandes réalisations collectives.

Tout s'est transformé maintenant. L'histoire nous a confié une noble et importante mission sous la forme d'une collaboration active pour construire la Palestine. Des frères remarquables travaillent déjà de toutes leurs forces à la réalisation de cet objectif. Nous avons la possibilité d'installer des foyers de civilisation que tout le peuple juif peut reconnaître comme son œuvre. Nous espérons profondément établir en Palestine un lieu pour des familles et pour une civilisation nationale propre, qui permettrait d'éveiller le Proche-Orient à une vie économique et intellectuelle.

Le but préconisé par les chefs sionistes ne se veut pas politique, mais plutôt social et culturel. La communauté en Palestine doit s'approcher de l'idéal social de nos ancêtres, tel qu'il est rédigé dans la Bible, elle doit en même temps devenir un lieu pour les rencontres intellectuelles modernes, un centre intellectuel pour les juifs du monde entier. La fondation d'une Université juive à Jérusalem représente, dans cet ordre d'idées, un des buts essentiels de l'organisation sioniste.

Ces derniers mois je suis allé en Amérique pour aider à constituer la vie matérielle de cette Université. Le succès de cette campagne s'est imposé de lui-même. Grâce à l'activité inlassable, grâce à la générosité illimitée des médecins juifs, nous avons recueilli assez de moyens pour entreprendre la réalisation d'une faculté de médecine et nous avons commencé immédiatement les travaux préparatoires à sa réalisation. D'après les résultats actuels, indubitablement nous obtiendrons les structures matérielles indispensables aux autres facultés, et cela très vite. La faculté de médecine doit être conçue essentiellement comme un institut de recherche. Elle agira directement pour l'assainissement du pays, fonction indispensable dans notre entreprise.

L'enseignement d'un plus haut niveau ne se développera que plus tard. Comme il s'est déjà trouvé un certain nombre de savants capables et responsables d'une chaire à l'Université, la fondation d'une faculté de médecine, semble-t-il, ne pose plus de problèmes. Je note cependant qu'un fonds particulier a été prévu pour l'Université, fonds absolument séparé des capitaux nécessaires à la construction du pays. Pour ces fonds particuliers, ces derniers mois, grâce à l'effort inlassable du professeur Weizmann et d'autres chefs sionistes en Amérique, des sommes très importantes ont été rassemblées grâce surtout aux donations importantes de la classe moyenne. Je termine par un vibrant appel aux juifs allemands. Qu'ils contribuent malgré la terrible situation économique actuelle à permettre, par toutes leurs forces, la création d'un foyer juif en Palestine ! Non, il ne s'agit pas d'un acte de charité, mais d'une œuvre qui concerne tous les juifs. Sa réussite sera pour tous l'occasion de la satisfaction la plus parfaite.

5. Pour nous juifs, la Palestine ne se présente pas par l'aspect comme une œuvre de charité ou comme une implantation coloniale. Il s'agit d'un problème de fond, essentiel pour le peuple juif. Et d'abord la Palestine n'est pas un refuge pour les juifs orientaux, mais plutôt l'incarnation renaissante du sentiment de la communauté nationale de tous les juifs. Est-il nécessaire, est-il opportun d'éveiller et de renforcer ce sentiment ? À cette question je ne réponds pas guidé par un sentiment réflexe mais pour des raisons solides.

Je dis oui sans aucune réserve. Analysons rapidement le développement des juifs allemands dans ces cent dernières années ! Il y a un siècle, nos ancêtres vivaient, à de rares exceptions près, dans le ghetto. Ils étaient pauvres, sans droits politiques, séparés des non-juifs par une muraille de traditions religieuses, de conformisme de vie et de juridictions limitatives. Ils étaient même cantonnés dans leur vie intellectuelle à leur propre littérature. Ils étaient peu et superficiellement marqués par le puissant réveil qui avait secoué la vie intellectuelle de l'Europe depuis la Renaissance. Mais ces hommes, de peu d'importance, et sans grande influence, détenaient une force supérieure à la nôtre. Chacun d'eux appartenait par toutes les fibres de son être à une communauté dont il se sentait membre à part entière. Il s'exprimait et vivait dans une communauté qui n'exigeait rien de lui qui heurterait sa façon de penser naturelle. Nos ancêtres d'alors se montraient certainement misérables physiquement et intellectuellement, mais socialement ils se révélaient d'un équilibre moral étonnant.

Puis ce fut l'émancipation. Elle offrit soudain à l'individu des possibilités de progrès insoupçonnées. Les individus séparément acquéraient rapidement des situations dans les couches sociales et économiques les plus élevées de la société. Ils avaient assimilé avec passion les conquêtes essentielles que l'art et la science occidentale avaient créées. Ils participaient avec une intense ferveur à ce mouvement, tandis qu'eux-mêmes créaient des œuvres durables. Par cette attitude, ils adoptèrent les formes extérieures du monde non juif et se détournèrent, de façon progressive, de leurs traditions religieuses et sociales, acceptant mœurs, coutumes, façons de penser étrangères au monde juif. On pourrait penser qu'ils allaient s'assimiler complètement aux peuples parmi lesquels ils vivaient, peuples quantitativement plus nombreux et politiquement et culturellement bien mieux coordonnés, au point que, en quelques générations, il ne subsisterait rien d'apparent du monde juif. Une complète disparition de la communauté juive paraissait inéluctable en Europe centrale et occidentale.

Or rien ne se passa ainsi. Les instincts des nationalités différentes, semble-t-il, interdirent une fusion complète ; l'adaptation des juifs aux peuples européens parmi lesquels ils vivaient, à leurs langues, à leurs coutumes, et même partiellement à leurs formes religieuses, n'a pu dissiper ce sentiment d'être un étranger, qui se maintient entre le juif et les communautés européennes d'accueil. En dernière analyse, ce sentiment inné d'étrangeté constitue la base de l'antisémitisme. Ce dernier ne sera pas extirpé du monde par des tracts, fussent-ils bien intentionnés. Car les nationalités ne veulent pas être mélangées mais suivre leur propre destin. Une situation pacifique ne s'instaure que dans la compréhension et l'indulgence réciproques.

Pour cette raison, il importe que nous juifs nous reprenions conscience de notre existence comme nationalité et que nous regagnions à nouveau cet amour-propre indispensable à une vie réussie. De nouveau, nous devons apprendre à nous intéresser loyalement à nos ancêtres et à notre histoire, et nous devons, comme peuple, assumer des missions susceptibles de renforcer notre sentiment de communauté. Il ne suffit pas que nous participions en tant qu'individus au progrès culturel de l'humanité, il faut également se confronter à ce genre de problèmes qui sont du ressort des communautés nationales. Voilà la solution pour un judaïsme à nouveau social.

Je vous prie de considérer le mouvement sioniste dans cette perspective. L'histoire, aujourd'hui, nous a confié une mission, celle de participer efficacement à la reconstruction économique et culturelle de notre patrie. Des individus enthousiastes et remarquablement doués ont analysé la situation et beaucoup de nos meilleurs concitoyens sont prêts à s'y consacrer corps et âme. Que chacun d'entre vous s'évalue réellement par rapport à l'œuvre et y contribue par toutes ses forces !

La « Palestine au travail »

Parmi les organisations sionistes, la « Palestine au travail » représente celle dont l'activité correspond le plus précisément à cette catégorie la plus digne d'estime des hommes de là-bas, travailleurs manuels, transformant le désert en colonies florissantes. Ces travailleurs représentent une sélection de volontaires issus de tout le peuple juif, une élite d'hommes courageux, conscients et désintéressés. Il ne s'agit pas de manœuvres sans qualification, vendant leur force de travail aux plus offrants, mais d'hommes instruits, d'esprit vif, et libres, dont la compétition pacifique avec un sol abandonné profite à tout le peuple juif, plus ou moins directement. Diminuer si possible la sévérité de leur destin signifie sauver des vies humaines singulièrement précieuses. Car la lutte des premiers colons sur un sol non encore assaini se traduit par des efforts durs et dangereux et une abnégation personnelle rigoureuse. Seul un témoin oculaire peut comprendre la justesse de cette idée. Aussi celui qui aide ces hommes en permettant l'amélioration de l'outillage aide l'œuvre de façon bénéfique.

Et cette classe de travailleurs incarne aussi la seule possibilité d'établir des relations saines avec le peuple arabe : or c'est l'objectif politique le plus important du sionisme. En effet, les administrations s'implantent puis disparaissent. En revanche les relations humaines constituent dans la vie des peuples l'étape décisive. Aussi bien une aide à la « Palestine au travail » signifie aussi la réalisation d'une politique humaine et respectable en Palestine et un combat utile contre ces vagues de fond nationalistes rétrogrades. Car le monde politique en général, et à moindre échelle le petit univers de l'œuvre palestinienne, en souffrent encore aujourd'hui.

Renaissance juive

Un appel pour « Keren Hajessod »

Les plus grands ennemis de la conscience nationale juive et de la dignité juive s'appellent décadence des ventres pleins, s'appellent veulerie provoquée par la richesse et la vie facile, s'appellent forme de soumission intérieure au monde non juif, puisque la communauté juive s'est relâchée. Le meilleur de l'homme ne s'épanouit qu'en se développant dans une communauté. Terrible se présente donc le danger moral pour le juif perdant le contact avec sa propre communauté et se retrouvant étranger pour ceux-là mêmes qui l'accueillent. Le bilan d'une telle situation se déroule souvent dans un égoïsme méprisable et morne.

Or particulièrement importante se révèle actuellement la pression contre le peuple juif. Et ce genre de misère nous guérit. Car il engendre un renouveau de la vie communautaire juive que même l'avant-dernière génération n'aurait pu imaginer. Sous l'influence de ce sentiment de solidarité, tout nouveau, la colonisation de la Palestine, mise en œuvre par des chefs dévoués et prudents, à travers des difficultés paraissant vraiment incontestables, a commencé à donner de si beaux résultats que je ne puis plus mettre en doute le succès final. Pour les juifs du monde entier, l'importance de cette œuvre s'avère de tout premier ordre. La Palestine sera pour tous les juifs un lieu de culture, pour les persécutés un lieu de refuge, pour les meilleurs d'entre nous un champ d'action. Pour les juifs du monde entier, elle incarnera un idéal d'unité et un moyen de renaissance intérieure.

Lettre à un Arabe

15 mars 1930.

« Votre lettre m'a beaucoup réjoui. Elle me prouve en effet qu'il y a de votre côté cette clairvoyance pour une solution raisonnable : nos deux peuples peuvent résoudre les difficultés pendantes. Ces obstacles me paraissent de nature plus psychologique qu'objective, et ils peuvent être surmontés si, de part et d'autre, on agit en voulant éliminer les problèmes !

Notre situation actuelle se présente défavorable parce que juifs et Arabes sont dressés face à face comme deux adversaires, par la puissance mandataire. Cet état de choses est indigne de nos deux peuples et ne peut être transformé que si nous découvrons entre nous un terrain où les deux camps puissent s'exprimer et s'unir.

Je vous explique ici comment j'envisage la réalisation d'une modification des conditions déplorables actuelles. J'ajoute que cette opinion reste exclusivement la mienne puisque je ne l'ai communiquée à personne.

Un "conseil privé" est constitué, auquel juifs et Arabes délèguent séparément *chacun* quatre représentants, absolument indépendants de tout organisme politique.

Ainsi de part et d'autre seraient réunis : un médecin, élu par le conseil de l'ordre ; un juriste, élu par les instances juridiques ; un représentant ouvrier, élu par les syndicats ; un chef religieux, élu par ses semblables. Ces huit personnes se réunissent une fois par semaine. Elles s'engagent par serment à ne pas servir les intérêts de leur profession et de leur nation mais à chercher exclusivement, en toute conscience, le bonheur de toute la population. Les discussions sont secrètes et rien n'en doit être divulgué, pas même dans la vie privée.

Si une décision sur un problème quelconque a été prise à laquelle trois membres au moins de chaque côté ont donné leur assentiment, cette décision peut être rendue publique, mais sous la responsabilité de tout le conseil. Si l'un des membres n'accepte pas une décision, il peut quitter le conseil mais sans jamais être délié de l'obligation du secret. Si l'un des groupes précités responsables des élections s'estime peu satisfait par une résolution du conseil, il peut remplacer son représentant par un autre.

Même si le conseil secret n'a aucune compétence délimitée, il peut permettre cependant d'aplanir progressivement les différends et faire apparaître, face à la puissance mandataire, une représentation commune des intérêts du pays réellement opposés à une politique à court terme. »

Sur la nécessité du sionisme.
Lettre au professeur Dr Hellpach, ministre d'État

« J'ai lu votre article sur le sionisme et le congrès de Zurich. Il faut que je vous réponde, même brièvement, comme quelqu'un de très convaincu par cette idée du sionisme le ferait.

Les juifs forment une communauté de sang et de tradition dont la tradition religieuse ne représente pas l'unique point commun. Elle se révèle d'abord par le comportement des autres hommes face aux juifs. Quand je suis arrivé en Allemagne, voilà quinze ans, j'ai découvert pour la première fois que j'étais juif et cette découverte m'a été révélée davantage par les non-juifs que par les juifs.

Le tragique de la condition juive réside en ceci : ils représentent des individus arrivés à un stade évident d'évolution, mais ils manquent du soutien d'une communauté pour les unir. L'insécurité des individus, qui peut provoquer une très grande fragilité morale, en est la conséquence. J'ai appris par expérience que la santé morale de ce peuple ne devenait possible que si tous les juifs du monde se réunissaient dans une communauté vivante, à laquelle chaque individu de plein gré s'associerait et qui lui permettrait de supporter haine et humiliation auxquelles il est en butte de toutes parts.

J'ai vu le mimétisme exécrable chez des juifs de grande valeur et ce spectacle m'a fait pleurer des larmes de sang. J'ai vu comment l'école, les pamphlets et les innombrables puissances culturelles de la majorité non juive avaient sapé ce sentiment de dignité, même chez les meilleurs de nos frères de race et j'ai ressenti que cela ne pourrait plus continuer ainsi.

J'ai appris par expérience que seule une création commune, qui tienne au cœur des juifs du monde entier, pourrait guérir ce peuple malade. Ce fut l'œuvre admirable de Th. Herzl de le comprendre et de se battre avec toute son énergie pour la réalisation d'un foyer ou – pour parler plus clairement encore – d'un lieu central en Palestine. Cette œuvre exigeait toutes les énergies. Elle s'inspirait néanmoins de la tradition du peuple juif.

Vous appelez cela du nationalisme, non sans erreur. Mais un effort pour créer une communauté, sans laquelle nous ne pouvons ni vivre ni mourir dans ce monde hostile, pourra toujours être désigné par ce vocable haïssable. De toute façon il s'agira d'un nationalisme mais sans volonté de puissance, et préoccupé de dignité et de santé morales. Si nous n'étions pas contraints de vivre au milieu d'hommes intolérants, mesquins et violents, je serais le premier à rejeter tout nationalisme au profit d'une communauté humaine universelle !

L'objection – si nous voulons, nous juifs, être une "nation", nous ne pourrons plus être des citoyens à part entière par exemple de l'État allemand – révèle une méconnaissance de la nature de l'État, fondant son existence à partir de l'intolérance de la majorité nationale. Contre cette intolérance nous ne serons jamais protégés, que nous nous appelions ou pas "peuple", "nation", etc.

J'ai dit tout ce que je pense, brièvement, sans fioritures et sans concessions. Mais, d'après vos écrits, je sais que vous appréciez plus le sens que la forme. »

Aphorismes pour Leo Baeck

— Heureux celui qui traverse la vie, secourable, en ignorant la peur, étranger à l'agressivité et au ressentiment ! Dans une telle nature se révèlent les témoins magnifiques qui apportent une consolation à l'humanité, dans les situations malheureuses qu'elle se crée elle-même.

— L'effort d'unir sagesse et pouvoir aboutit rarement et seulement très brièvement.

— L'homme évite habituellement d'accorder de l'intelligence à autrui, sauf quand par hasard il s'agit d'un ennemi.

— Peu d'êtres sont capables d'exprimer posément une opinion différente des préjugés de leur milieu. La plupart des êtres sont même incapables d'arriver à formuler de telles opinions.

— La majorité des imbéciles reste invincible et satisfaite en toute circonstance. La terreur provoquée par leur tyrannie se dissipe simplement par leur divertissement et leur inconséquence.

— Pour être un membre irréprochable parmi une communauté de moutons, il faut avant toute chose être soi-même un mouton.

— Les contrastes et les contradictions peuvent coexister en permanence dans une tête, sans déclencher nul conflit. Cette évidence bouleverse et détruit tout système politique pessimiste ou optimiste.

— Celui qui entreprend de se singulariser dans ce monde de la vérité et de la connaissance, celui qui se voudrait un oracle, échoue piteusement sous l'éclat de rire des dieux.

— La joie de contempler et de comprendre, voilà le langage que me porte la nature.

5
Études scientifiques

Principes de la recherche

Discours prononcé à l'occasion du soixantième anniversaire de Max Planck

Le Temple de la Science se présente comme une construction à mille formes. Les hommes qui le fréquentent ainsi que les motivations morales qui y conduisent se révèlent tous différents. L'un s'adonne à la Science dans le sentiment de bonheur que lui procure cette puissance intellectuelle supérieure. Pour lui, la Science se découvre le sport adéquat, la vie débordante d'énergie, la réalisation de toutes les ambitions. Ainsi doit-elle se manifester! Mais beaucoup d'autres se rencontrent également en ce Temple qui, exclusivement pour une raison utilitaire, n'offrent en contrepartie que leur substance cérébrale! Si un ange de Dieu apparaissait et chassait du Temple tous les hommes qui font partie de ces deux catégories, ce Temple se viderait de façon significative mais on y trouverait encore tout de même des hommes du passé et du présent. Parmi ceux-là nous trouverions notre Planck. C'est pour cela que nous l'aimons.

Je sais bien que, par notre apparition, nous avons chassé d'un cœur léger beaucoup d'hommes de valeur qui ont édifié le Temple de la Science pour une grande, peut-être pour la plus grande partie. Pour notre ange, la décision à prendre serait bien difficile dans grand nombre de cas. Mais une constatation s'impose à moi. Il n'y aurait eu que des individus comme ceux qui ont été exclus, eh bien le Temple ne se serait pas édifié, tout autant qu'une forêt ne peut se développer si elle n'est constituée que de plantes grimpantes ! En réalité ces individus se contentent de n'importe quel théâtre pour leur activité. Les circonstances extérieures décideront de leur carrière d'ingénieur, d'officier, de commerçant ou de scientifique. Mais regardons à nouveau ceux qui ont trouvé grâce aux yeux de l'ange. Ils se révèlent singuliers, peu communicatifs, solitaires et malgré ces points communs se ressemblent moins entre eux que ceux qui ont été expulsés. Qu'est-ce qui les a conduits au Temple ? La réponse n'est pas facile à fournir et ne peut assurément pas s'appliquer uniformément à tous. Mais d'abord en premier lieu, avec Schopenhauer, je m'imagine qu'une des motivations les plus puissantes qui incitent à une œuvre artistique ou scientifique consiste en une volonté d'évasion du quotidien dans sa rigueur cruelle et sa monotonie désespérante, en un besoin d'échapper aux chaînes des désirs propres éternellement instables. Cela pousse les êtres sensibles à se dégager de leur existence personnelle pour chercher l'univers de la contemplation et de la compréhension objectives. Cette motivation ressemble à la nostalgie qui attire le citadin loin de son environnement bruyant et compliqué vers les paisibles paysages de la haute montagne, où le regard vagabonde à travers une atmosphère calme et pure, et se perd dans les perspectives reposantes semblant avoir été créées pour l'éternité.

À cette motivation d'ordre négatif s'en associe une autre plus positive. L'homme cherche à se former de quelque manière que ce soit, mais selon sa propre logique, une image du monde simple et claire. Ainsi surmonte-t-il l'univers du vécu parce qu'il s'efforce dans une certaine mesure de le remplacer par cette image. Chacun à sa façon procède de cette manière, qu'il s'agisse d'un peintre, d'un poète, d'un philosophe spéculatif ou d'un physicien. À cette image et à sa réalisation il consacre l'essentiel de sa vie affective pour acquérir ainsi la paix et la force qu'il ne peut pas obtenir dans les limites trop restreintes de l'expérience tourbillonnante et subjective.

Parmi toutes les images possibles du monde, quelle place accorder à celle du physicien théoricien ? Elle implique les exigences les plus grandes, pour la rigueur et l'exactitude de la représentation des rapports, comme seule l'utilisation du langage mathématique l'autorise. Mais en revanche, le physicien doit, sur le plan concret, se restreindre d'autant plus qu'il se contente de représenter les phénomènes les plus évidents accessibles à notre expérience, alors que tous les phénomènes plus complexes ne peuvent pas être reconstitués par l'esprit humain avec cette précision subtile et cet esprit de suite exigés par le physicien théoricien. L'extrême netteté, la clarté et la certitude ne s'acquièrent qu'au prix d'un immense sacrifice : la perte de la vue d'ensemble. Mais alors quelle peut être la séduction de comprendre avec précision une parcelle si restreinte de l'univers et d'abandonner tout ce qui est plus subtil et plus complexe, par timidité ou manque de courage ? Le résultat d'un exercice aussi résigné oserait-il porter le nom audacieux d'« Image du monde » ?

Je pense que ce nom est bien mérité. Car les lois générales, bases de l'architecture intellectuelle de la physique théorique, ont l'ambition d'être valables pour tous les événements de la nature. Et grâce à ces lois, en utilisant l'itinéraire de la pure déduction logique, on devrait pouvoir trouver l'image, c'est-à-dire la théorie de tous les phénomènes de la nature, y compris de ceux de la vie, si ce processus de déduction ne dépassait pas et de beaucoup la capacité de la pensée humaine. Le renoncement à une image physique du monde en sa totalité n'est pas un renoncement de principe. C'est un choix, une méthode.

La tâche suprême du physicien consiste donc à rechercher les lois élémentaires les plus générales à partir desquelles, par pure déduction, on peut acquérir l'image du monde. Aucun chemin logique ne conduit à ces lois élémentaires. Il s'agirait plutôt exclusivement d'une intuition se développant parallèlement à l'expérience. Dans cette incertitude de la méthode à suivre, on pourrait croire que n'importe quel nombre des systèmes de physique théorique de valeur équivalente serait possible. En principe, cette opinion est certainement correcte. Mais l'évolution a montré que de toutes les constructions concevables, une et une seule, à un moment précis, s'est révélée absolument supérieure à toutes les autres. Personne de ceux qui ont réellement approfondi le sujet ne niera que le monde des perceptions détermine en fait rigoureusement le système théorique, bien qu'aucun chemin logique ne conduise des perceptions aux principes de la théorie. C'est cela que Leibniz dénommait et signifiait par l'expression « harmonie préétablie ». Les physiciens ont violemment reproché à maint théoricien de la connaissance de ne pas tenir assez compte de cette situation. Là aussi, se trouvent, à mon avis, les racines de la polémique ayant opposé, il y a quelques années, Mach à Planck.

La nostalgie d'une vision de cette « harmonie préétablie » persiste en notre esprit. Mais Planck se passionne pour les problèmes les plus généraux de notre Science, sans se laisser détourner par des objectifs plus lucratifs et plus aisés à atteindre. J'ai souvent entendu dire que des confrères voulaient expliquer son comportement par une force de volonté et par une discipline exceptionnelles. Ils ont tort, me semble-t-il. L'état affectif qui permet de telles performances ressemble davantage à l'état d'âme des religieux ou des amants. La persévérance quotidienne ne se bâtit pas sur un dessein ou un programme, mais se fonde sur un besoin immédiat.

Il est là assis, notre cher Planck, et s'amuse intérieurement sur mes manipulations enfantines de la lanterne de Diogène. Notre sympathie pour lui n'a pas besoin de motivation prétextée. Puisse l'amour pour la Science embellir aussi sa vie dans l'avenir et le conduire à la résolution du problème physique le plus important de notre époque, problème qu'il a lui-même posé et fait considérablement progresser ! Puisse-t-il réussir à unifier en un seul système logique la théorie des quanta, l'électrodynamique et la mécanique !

Principes de la physique théorique

Discours de réception à l'Académie des Sciences de Prusse

Chers collègues ! Daignez accepter mes remerciements les plus profonds pour m'avoir accordé le plus grand bienfait qu'on puisse accorder à un homme comme moi. En m'appelant dans votre Académie, vous m'avez permis de me libérer des agitations et des traces d'une profession pratique, vous me permettez de me consacrer exclusivement aux études scientifiques. Je vous prie d'être convaincus de mes sentiments de gratitude et de l'assiduité de mes efforts, mêmes si les résultats de mes recherches vous apparaissent médiocres.

Permettez-moi de faire à ce sujet quelques réflexions générales sur la position que mon domaine de travail, la physique théorique, occupe par rapport à la science expérimentale. Un mathématicien de mes amis me disait récemment, en plaisantant à moitié : « Le mathématicien sait bien quelque chose, mais pas exactement ce qu'on lui demande à un moment précis. »

Souvent le théoricien de la physique se trouve dans cette situation quand il est consulté par un physicien expérimental. Quelle origine trouver à ce manque caractéristique de capacité d'adaptation ?

La méthode du théoricien implique qu'il utilise comme base dans toutes les hypothèses ce qu'on appelle des principes, à partir desquels il peut déduire des conséquences. Son activité se divise donc essentiellement en deux parties. Il doit rechercher d'abord ces principes et ensuite développer les conséquences qui leur sont inhérentes. Pour l'exécution de ce second travail, il reçoit à l'école un outillage excellent. Si donc la première de ses tâches est déjà accomplie dans un certain domaine ou pour un certain ensemble de relations, il ne manquera pas de réussir par un travail et un raisonnement persévérants. Mais la première clef de ces tâches, c'est-à-dire celle d'établir les principes qui serviront de base à sa déduction, se présente de manière toute différente. Car ici il n'existe pas de méthode qu'on puisse apprendre ou systématiquement appliquer pour atteindre un objectif. Le chercheur doit plutôt épier, si l'on peut dire, dans la nature ces principes généraux, pendant qu'il dégage à travers les grands ensembles de faits expérimentaux des traits généraux et certains, qui peuvent être explicités nettement.

Quand cette formulation a réussi, commence alors le développement des conséquences qui révèle souvent des relations insoupçonnées, lesquelles dépassent de beaucoup le domaine des faits d'où les principes ont été tirés. Mais tant que les principes pouvant servir de base à la déduction n'ont pas été découverts, le théoricien n'a absolument pas besoin des faits individuels de l'expérience. Il ne peut même pas entreprendre quelque chose avec des lois plus générales découvertes empiriquement. Il doit plutôt s'avouer son état d'impuissance face aux résultats élémentaires de la recherche empirique jusqu'à ce que des principes se découvrent à lui, qu'il puisse utiliser comme base de déductions logiques.

C'est dans cette situation que se situe actuellement la théorie concernant les lois du rayonnement thermique et du mouvement moléculaire aux basses températures. Voilà quinze ans, on ne doutait absolument pas que, sur les bases de la mécanique Galilée/Newton appliquée aux mouvements moléculaires, ainsi que d'après la théorie de Maxwell du champ magnétique, il fût possible d'acquérir une représentation exacte des propriétés électriques, optiques et thermiques des corps. Alors Planck montra que pour fonder une loi du rayonnement thermique correspondant à l'expérience, il faut utiliser une méthode de calcul dont l'incompatibilité avec les principes de la mécanique classique devenait toujours plus flagrante. Par cette méthode de calcul, Planck introduisait dans la physique la célèbre hypothèse des quanta qui fut depuis remarquablement confirmée. Avec cette hypothèse des quanta, il a renversé la mécanique classique dans le cas où des masses suffisamment petites se déplacent à des vitesses suffisamment faibles et avec des accélérations suffisamment importantes, au point que nous ne pouvons aujourd'hui envisager les lois du mouvement établies par Galilée et Newton que comme des situations limites. Mais, malgré les efforts les plus persévérants des théoriciens, on n'a pas encore obtenu de remplacer les principes de la mécanique par d'autres qui correspondent à la loi du rayonnement thermique de Planck ou à l'hypothèse des quanta. Quand bien même nous devrions reconnaître sans le moindre doute possible que nous devons ramener la chaleur au mouvement moléculaire, nous devons cependant reconnaître aujourd'hui que nous nous trouvons devant les lois fondamentales de ce mouvement dans la même situation que les astronomes d'avant Newton devant les mouvements des planètes.

J'évoque ici un ensemble de faits non réductibles à une étude théorique, par manque de principes de base. Mais il arrive aussi un autre cas. Des principes, logiques et bien formulés, aboutissent à des conséquences, totalement ou presque totalement extérieures aux limites du domaine actuellement accessible à notre expérience. Alors, pour de longues années, un travail empirique, à tâtons, sera nécessaire pour établir si les principes de la théorie pourraient décrire la réalité. Voilà la situation exacte de la théorie de la relativité.

Une réflexion sur les concepts fondamentaux de temps et d'espace nous a prouvé que le principe de la constance de la vitesse de la lumière dans le vide, qui se déduit de l'optique des corps en mouvement, ne nous contraint absolument pas à subir la théorie d'un éther immobile. Et même il était possible d'échafauder une théorie générale qui rappelle cette étrangeté que, dans les expériences réalisées sur la terre, nous ne transcrivons jamais rien du mouvement de translation de la terre. Alors dans cette circonstance, on utilise l'énoncé du principe de relativité : les lois naturelles ne se modifient pas quant à leur forme, quand on quitte un système de coordonnées originel (expérimenté) pour un nouveau système effectuant un mouvement de translation uniforme par rapport au premier. Cette théorie a reçu de remarquables confirmations par l'expérience. Elle permet aussi une simplification de la représentation théorique d'ensembles de faits déjà liés les uns aux autres.

Mais, d'autre part, cette théorie reste insuffisante parce que le principe de relativité tel que je viens de le formuler privilégie le mouvement uniforme. Certes, du point de vue physique, on ne peut attribuer un sens absolu au mouvement uniforme. Alors la question se pose : est-ce que cette affirmation ne devrait pas s'étendre aux mouvements non uniformes ? Or, si on prend comme base de principe la relativité en un sens élargi, il est démontré qu'on obtient une extension indéfinie de la théorie de la relativité. Ainsi se trouve-t-on conduit à une théorie générale de la gravitation, incluant la dynamique. Pour le moment cependant nous n'avons pas trouvé les faits susceptibles de mettre à l'épreuve la justification de l'introduction du principe servant de pivot.

Nous avons prouvé que la physique inductive questionne la physique déductive et vice versa, et que ce type de réponse exige de notre part une tension et un effort absolus. Puisse-t-on bientôt réussir à trouver, grâce aux efforts et aux travaux de tous, les preuves définitives pour nos progrès en ce sens.

Sur la méthode de la physique théorique

Si vous voulez étudier chez l'un quelconque des physiciens théoriciens les méthodes qu'il utilise, je vous suggère de vous tenir à ce principe de base : n'accordez aucun crédit à ce qu'il dit, mais jugez ce qu'il a produit ! Car le créateur a ce caractère : les produits de son imaginaire s'imposent à lui, si indispensables, si naturels, qu'il ne peut les considérer comme images de l'esprit mais qu'il les connaît comme réalités évidentes.

Ce préambule paraît vous autoriser à quitter le lieu même de cette conférence. Car vous pourriez vous dire : celui qui nous parle maintenant, mais c'est justement un physicien théoricien ! Il devrait donc abandonner toute réflexion sur la structure de la science théorique aux théoriciens de la connaissance.

À une telle objection, je réponds en présentant mon point de vue personnel. Car j'affirme parler ici non par vanité, mais pour satisfaire à une invitation d'amis. Je suis dans cette chaire parce qu'elle rappelle le souvenir d'un homme qui a consacré toute sa vie à rechercher l'unité de la connaissance. En plus, objectivement, mon exercice d'aujourd'hui pourrait trouver une justification en ce sens : ne serait-il point intéressant de connaître ce que pense de sa science un homme qui, sa vie durant, s'est exercé de toute son énergie à en éclaircir et à en perfectionner les éléments de base ? Sa façon d'appréhender l'évolution ancienne et contemporaine pourrait influencer terriblement ce qu'il attend de l'avenir et donc ce qu'il vise comme objectif immédiat. Mais c'est là le destin de tout individu qui se donne passionnément au monde des idées. C'est le même destin qui attend l'historien, organisant les faits historiques, même de façon inconsciente, en fonction des idéaux subjectifs que la société humaine lui suggère.

Aujourd'hui, analysons le développement de la pensée théorique de façon très générale, mais en même temps gardons présent à l'esprit le rapport essentiel unissant le discours théorique à l'ensemble des faits expérimentaux. Il s'agit bien de cette éternelle confrontation entre les deux composantes de notre savoir en physique théorique : empirisme et raison.

Nous admirons la Grèce antique parce qu'elle a donné naissance à la science occidentale. Là, pour la première fois, a été inventé ce chef-d'œuvre de la pensée humaine, un système logique, c'est-à-dire tel que les propositions se déduisent les unes des autres avec une telle exactitude qu'aucune démonstration ne provoque de doute. C'est le système de la géométrie d'Euclide. Cette composition admirable de la raison humaine autorise l'esprit à prendre confiance en lui-même pour toute activité nouvelle. Et si quelqu'un, en l'éveil de son intelligence, n'a pas été capable de s'enthousiasmer pour une telle architecture, alors jamais il ne pourra réellement s'initier à la recherche théorique.

Mais pour atteindre une science décrivant la réalité, il manquait encore une deuxième base fondamentale qui, jusqu'à Kepler et Galilée, resta ignorée de l'ensemble des philosophes. Car la pensée logique, par elle-même, ne peut offrir aucune connaissance tirée du monde de l'expérience. Or toute connaissance de la réalité vient de l'expérience et y renvoie. Et par le fait, des connaissances déduites par une voie purement logique seraient, face à la réalité, strictement vides. C'est ainsi que Galilée, grâce à cette connaissance empirique, et surtout parce qu'il s'est violemment battu pour l'imposer, devint le père de la physique moderne et probablement de toutes les sciences de la nature en général.

Si donc l'expérience inaugure, décrit et propose une synthèse de la réalité, quelle place accorder à la raison dans le domaine scientifique ?

Un système achevé de physique théorique comporte un ensemble de concepts, de lois fondamentales applicables à ces concepts, et de propositions logiques qui s'en peuvent normalement déduire. Ces propositions où s'exerce la déduction correspondent exactement à nos expériences individuelles ; voilà la raison profonde pour laquelle, dans un livre théorique, la déduction représente presque tout l'ouvrage.

Paradoxalement, c'est exactement ce qui se passe dans la géométrie euclidienne. Mais les principes fondamentaux s'appellent axiomes et par conséquent les propositions à déduire ne se fondent point sur des expériences banales. En revanche, si l'on envisag la géométrie euclidienne comme la théorie des possibilités de la position réciproque des corps pratiquement rigide et si, par conséquent, on la comprend comme une science physique, sans supprimer son origine empirique, la ressemblance logique entre la géométrie et la physique théorique s'impose flagrante.

Donc, dans le système d'une physique théorique, nous déterminons une place pour la raison et pour l'expérience. La raison constitue la structure du système. Les résultats expérimentaux et leurs imbrications mutuelles peuvent trouver leur expression grâce aux propositions déductives. Et c'est dans la possibilité d'une telle représentation que se situent exclusivement le sens et la logique de tout le système et, plus particulièrement, des concepts et des principes qui en forment les bases. Et d'ailleurs ces concepts et ces principes se découvrent comme des inventions spontanées de l'esprit humain. Elles ne peuvent se justifier *a priori* ni par la structure de l'esprit humain, ni, avouons-le, par une quelconque raison.

Ces principes fondamentaux, ces lois fondamentales, lorsqu'on ne peut plus les réduire en stricte logique, dévoilent la partie inévitable, rationnellement incompréhensible de la théorie. Car le but essentiel de toute théorie est d'obtenir ces éléments fondamentaux irréductibles, aussi évidents et aussi rares que possible, sans oublier la représentation adéquate de toute expérience possible.

Études scientifiques

Cet essai de compréhension, je le schématise pour mieux souligner combien l'aspect purement fictif des fondements de la théorie ne s'imposait nullement au XVIIIe et au XIXe siècle. Mais la fiction gagnait de plus en plus, parce que la séparation entre les concepts fondamentaux et les lois fondamentales d'une part, les déductions à coordonner selon nos relations expérimentales d'autre part, ne cessaient de croître avec l'unification accrue de la construction logique. Ainsi on peut équilibrer toute une construction théorique sur un ensemble d'éléments conceptuels, logiquement indépendants les uns des autres, mais en moins grand nombre.

Newton, le premier inventeur d'un système de physique théorique, immense et dynamique, n'hésite pas à croire que concepts fondamentaux et lois fondamentales de son système sont directement issus de l'expérience. Je crois qu'il faut interpréter dans ce sens sa déclaration de principe *hypotheses non fingo*.

En réalité, à cette époque, les notions d'espace et de temps ne semblaient présenter aucune difficulté problématique. Car les concepts de masse, d'inertie, de force, plus leurs relations directement déterminées par la loi, semblaient directement livrés par l'expérience. Cette base une fois admise, l'expression « force de gravitation », par exemple, semble issue directement de l'expérience et on pouvait raisonnablement escompter le même résultat pour les autres forces.

Évidemment, nous le devinons aisément par le vocabulaire même, la notion d'espace absolu, impliquant celle d'inertie absolue, gêne singulièrement Newton. Car il réalise qu'aucune expérience ne pourra correspondre à cette dernière notion. De même le raisonnement sur des actions à distance l'embarrasse. Mais la pratique et le succès énorme de la théorie l'empêchent, lui et les physiciens du XVIIIe et du XIXe siècle, de réaliser que le fondement de son système repose sur une base absolument fictive.

Dans l'ensemble, les physiciens de l'époque croyaient volontiers que les concepts fondamentaux et les lois fondamentales de la physique ne constituaient pas, au sens logique, des créations spontanées de l'esprit humain, mais plutôt qu'on pouvait les déduire des expériences par abstraction, donc par une voie de logique. En fait, seule la théorie de la relativité générale a clairement reconnu l'erreur de cette conception. Elle a prouvé qu'il était possible, en s'éloignant énormément du schéma newtonien, d'expliquer le monde expérimental et les faits de façon plus cohérente et plus complète que le schéma newtonien ne le permettait. Mais négligeons la question de supériorité ! Le caractère fictif des principes devient évident simplement pour la raison qu'on peut établir deux principes radicalement différents et qui pourtant concordent en une très grande partie avec l'expérience. De toutes les façons, tout essai de déduire logiquement, à partir d'expériences élémentaires, les concepts fondamentaux et les lois fondamentales de la mécanique, reste condamné à l'échec.

Alors, s'il est certain que le fondement axiomatique de la physique théorique ne se déduit pas de l'expérience, mais doit s'établir spontanément, librement, pouvons-nous penser avoir découvert la bonne piste ? Plus grave encore ! cette bonne piste n'existe-t-elle pas chimériquement seulement en notre imaginaire ? Pouvons-nous juger l'expérience fiable alors que certaines théories, comme la mécanique classique, rendent largement compte de l'expérience, sans argumenter sur le fond du problème ? À cette objection je déclare en toute certitude qu'à mon avis la bonne piste existe et que nous pouvons la découvrir. D'après notre recherche expérimentale jusqu'à ce jour, nous avons le droit d'être persuadés que la nature représente ce que nous pouvons imaginer en mathématique comme le plus simple. Je suis convaincu que la construction exclusivement mathématique nous permet de trouver les concepts et les principes les reliant entre eux. Ils nous donnent la possibilité de comprendre les phénomènes naturels. Les concepts mathématiques utilisables peuvent être suggérés par l'expérience, mais jamais, en aucun cas, déduits. L'expérience s'impose, naturellement, comme unique critère d'utilisation d'une construction mathématique pour la physique. Mais le principe fondamentalement créateur se trouve dans la mathématique. Par conséquent, en un certain sens, j'estime vrai et possible pour la pensée pure d'appréhender la réalité, comme le révéraient les Anciens.

Pour justifier cette confiance, je suis contraint d'utiliser des concepts mathématiques. Le monde physique est représenté par un continuum à quatre dimensions. Si je suppose dans ce monde une métrique de Riemann et que je me demande quelles sont les lois les plus simples qu'un tel système peut satisfaire, j'obtiens la théorie relativiste de la gravitation et de l'espace vide. Si, dans cet espace, je prends un champ de vecteurs ou le champ de tenseurs antisymétriques qui peut en être dérivé et que je me demande quelles sont les lois les plus simples qu'un tel système peut satisfaire, j'obtiens les équations de l'espace vide de Maxwell.

À ce degré de raisonnement, il manque encore une théorie pour ces ensembles de l'espace où la densité électrique ne disparaît pas. Louis de Broglie devina l'existence d'un champ d'ondes pouvant servir à expliquer certaines propriétés quantiques de la matière. Dirac enfin découvre dans les « spins » des valeurs du champ d'un genre nouveau, dont les équations les plus simples permettent de déduire, de façon très importante, les propriétés des électrons. Or, avec mon collaborateur le Dr Walter Mayer, j'ai découvert que les « spins » constituent un cas spécial d'une sorte de champ d'un genre nouveau, lié mathématiquement au système à quatre dimensions, que nous avons dénommé « semi-vecteurs ». Les équations les plus simples auxquelles ces semi-vecteurs peuvent être soumis fournissent une clef pour comprendre l'existence de deux sortes de particules élémentaires de masses pondérables différentes et de charges égales, mais de signes contraires. Ces semi-vecteurs représentent, après les vecteurs ordinaires, les éléments magnétiques du champ les plus simples qui soient possibles dans un continuum métrique à quatre dimensions. Ils pourraient, semble-t-il, aisément décrire les propriétés essentielles des particules électriques élémentaires.

Pour notre recherche, il s'avère capital que toutes ces formes, et leurs relations par des lois, s'obtiennent d'après le principe de recherche des concepts mathématiques les plus simples et de leurs liaisons. Si nous pouvons limiter les genres de champ simples existant mathématiquement et les équations simples possibles entre eux, alors le théoricien peut espérer appréhender le réel en sa profondeur.

Le point le plus délicat d'une théorie des champs de ce type réside, actuellement, dans notre intelligence de la structure atomique de la matière et de l'énergie. Incontestablement la théorie ne se déclare pas atomique en son principe en tant qu'elle opère exclusivement avec des fonctions continues de l'espace, contrairement à la mécanique classique dont l'élément de base le plus important, le point matériel, correspond déjà à la structure atomique de la matière.

La théorie moderne des quanta, sous sa forme déterminée par les noms de De Broglie, Schrödinger et Dirac, montre une opération avec des fonctions continues et surmonte cette difficulté par une interprétation audacieuse exprimée clairement pour la première fois par Max Born : les fonctions d'espace qui se présentent dans les équations ne prétendent pas être le modèle mathématique de structures atomiques. Ces fonctions doivent déterminer uniquement, par le calcul, les probabilités de découvrir de telles structures, au cas où on mesurerait dans un certain endroit ou dans un certain état de mouvement. Cette hypothèse reste logiquement irréfutable et obtient des résultats importants. Mais elle contraint, hélas, à utiliser un continuum dont le nombre de dimensions ne correspond pas à celui de l'espace envisagé par la physique actuelle (à savoir quatre) puisqu'il croît d'une manière illimitée avec le nombre de molécules constituant le système considéré. Je reconnais que cette interprétation me semble provisoire. Car je crois encore à la possibilité d'un modèle de la réalité, c'est-à-dire ==d'une théorie représentant les choses elles-mêmes, et non pas seulement la probabilité de leur existence==.

D'autre part, dans un modèle théorique, nous devons totalement abandonner l'idée de pouvoir localiser rigoureusement les particules. Je pense que cette conclusion s'impose avec le résultat durable de la relation d'incertitude de Heisenberg. Mais on pourrait très bien concevoir une théorie atomique au sens strict (et non fondée sur une interprétation), sans localisation de particules dans un modèle mathématique. Par exemple, pour comprendre le caractère atomique de l'électricité, il faut que les équations du champ aboutissent seulement à la proposition suivante : une portion d'espace à trois dimensions, à la limite de laquelle la densité électrique disparaît partout, retient toujours une charge totale électrique représentée par un nombre entier. Dans une théorie de continuum, le caractère atomique des expressions d'intégrales pourrait donc s'exprimer d'une manière satisfaisante sans localisation des éléments constituant la structure atomique.

Si une telle représentation de la structure atomique s'était révélée exacte, j'aurais considéré l'énigme des quanta complètement résolue.

Sur la théorie de la relativité

J'éprouve une joie singulière parce que je peux aujourd'hui parler dans la capitale d'un pays d'où se sont transmises, pour être divulguées dans le monde entier, les idées fondamentales les plus essentielles de la physique théorique. Je pense d'abord à la théorie du mouvement des masses et de la gravitation, œuvre de Newton, je pense ensuite à la notion du champ électromagnétique grâce à laquelle Faraday et Maxwell ont repensé les bases d'une physique nouvelle. On a raison de dire que la théorie de la relativité a donné une sorte de conclusion à l'architecture grandiose de la pensée de Maxwell et de Lorentz, puisqu'elle s'efforce d'étendre la physique du champ à tous les phénomènes, gravitation comprise.

En traitant l'objet particulier de la théorie de la relativité, je tiens à préciser que cette théorie n'a pas de fondement spéculatif, mais que sa découverte se fonde entièrement sur la volonté persévérante d'adapter, le mieux possible, la théorie physique aux faits observés. Point n'est besoin de parler d'acte ou d'action révolutionnaire puisqu'elle marque l'évolution naturelle d'une ligne suivie depuis des siècles. Le rejet de certaines conceptions sur l'espace, le temps et le mouvement, conceptions estimées fondamentales jusqu'à ce moment-là, non, ce n'est pas un acte arbitraire, mais tout simplement un acte nécessité par des faits observés.

La loi de la constance de la vitesse de la lumière dans l'espace vide, corroborée par le développement de l'électrodynamique et de l'optique, jointe à l'égalité de droit de tous les systèmes d'inertie (principe de la relativité restreinte), indiscutablement dévoilée par la célèbre expérience de Michelson, incline tout d'abord à penser que la notion de temps doit être relative puisque chaque système d'inertie doit avoir son temps particulier. Or la progression et le développement de cette idée soulignent qu'avant la théorie, le rapport entre les expériences personnelles immédiates d'une part, et les coordonnées et le temps d'autre part, n'avait pas été observé avec l'acuité indispensable.

Voilà incontestablement un des aspects fondamentaux de la théorie de la relativité : elle ambitionne d'expliciter plus nettement les relations des concepts généraux avec les faits de l'expérience. En outre, le principe fondamental demeure toujours immuable, et la justification d'un concept physique repose exclusivement sur sa relation claire et univoque avec les faits accessibles à l'expérience. D'après la théorie de la relativité restreinte, les coordonnées d'espace et de temps gardent encore un caractère absolu, puisqu'ils sont directement mesurables par des horloges et des corps rigides. Mais ils deviennent relatifs puisqu'ils dépendent de l'état de mouvement du système d'inertie choisi. Le continuum à quatre dimensions, réalisé par l'union espace-temps, conserve, d'après la théorie de la relativité restreinte, ce caractère absolu que possédaient, d'après les théories antérieures, l'espace et le temps, chacun envisagé à part (Minkowski). De l'interprétation des coordonnées et du temps comme résultat des mesures, on aboutit à l'influence du mouvement (relatif au système de coordonnées) sur la forme des corps et sur la marche des horloges, et à l'équivalence de l'énergie et de la masse inerte.

La théorie de la relativité générale se fonde essentiellement sur la correspondance numérique vérifiable et vérifiée de la masse inerte et de la masse pesante des corps. Or ce fait capital, la mécanique classique n'avait jamais su l'expliquer. On parvient à une telle découverte par l'extension du principe de relativité aux systèmes de coordonnées possédant une accélération relative les uns par rapport aux autres. Ainsi l'introduction de systèmes de coordonnées possédant une accélération relative par rapport aux systèmes d'inertie montre et découvre des champs de gravitation relatifs à ces derniers. D'où il devient évident que la théorie de la relativité générale, fondée sur l'égalité de l'inertie et de la pesanteur, permet aussi une théorie du champ de gravitation.

L'introduction de systèmes de coordonnées accélérés, l'un par rapport à l'autre, comme systèmes de coordonnées également justifiées, comme paraît l'exiger l'identité de l'inertie et de la pesanteur, conduit, en liaison avec les résultats de la théorie de la relativité restreinte, à la conséquence que les lois des mouvements des corps solides, en présence des champs de gravitation, ne correspondent plus aux règles de la géométrie euclidienne. Nous observons le même résultat pour la marche des horloges. Alors une nouvelle généralisation de la théorie de l'espace et du temps s'imposait nécessairement, puisque, désormais, les interprétations directes des coordonnées de l'espace et du temps par des mesures habituelles apparaissaient absolument caduques. Cette généralisation d'une nouvelle manière de mesurer existait déjà dans le domaine strictement mathématique, grâce aux travaux de Gauss et de Riemann. Et nous découvrons qu'elle se fonde essentiellement sur le fait que la nouvelle manière de mesurer employée pour la théorie de la relativité restreinte, limitée à des territoires extrêmement petits, peut s'appliquer, en toute rigueur, au cas général.

Cette évolution scientifique, racontée comme elle fut vécue, ôte aux coordonnées espace-temps toute réalité indépendante. Le réel en sa nouvelle mesure n'est présenté maintenant que par la liaison de ces coordonnées avec ces grandeurs mathématiques qui rendent compte du champ de gravitation.

La conception de la théorie de la relativité générale s'applique à partir d'une autre racine. Ernst Mach avait singulièrement fait ressortir qu'il existait dans la théorie newtonienne un point vraiment peu expliqué. En effet, on considère le mouvement sans référence à ses causes mais simplement en tant que mouvement décrit. Ainsi donc, je ne vois pas d'autre mouvement que le mouvement relatif des choses les unes par rapport aux autres. Mais l'accélération que nous découvrons dans les équations du mouvement de Newton reste inconcevable en raisonnant à partir de l'idée du mouvement relatif. Alors Newton se vit contraint d'imaginer un espace physique par rapport auquel devrait exister une accélération. Ce concept d'un espace absolu introduit *ah hoc* s'annonce certes logiquement correct, mais ne satisfait pas le savant. Voilà pourquoi E. Mach a cherché à modifier les équations de la mécanique de façon que l'inertie des corps soit expliquée par un mouvement relatif, non par référence à l'espace absolu mais par référence à la totalité des autres corps pondérables. Vu les connaissances scientifiques du temps, la combinaison devait échouer.

Mais le problème de cette question tourmente toujours notre raison. Cette induction de la pensée s'impose, quand on pense en fonction de la théorie de la relativité générale, avec une force d'autant plus accrue, puisque, d'après cette théorie, les propriétés physiques de l'espace sont connues comme influencées par la matière pondérable. Ma conviction profonde reconnaît que la théorie de la relativité générale ne peut surmonter cette difficulté de façon vraiment satisfaisante qu'en pensant l'univers comme un espace fermé. Les résultats mathématiques de la théorie nous imposent cette conception, si l'on admet que la densité moyenne de la matière pondérable dans l'univers possède une valeur finie, si petite fût-elle.

Quelques mots sur l'origine de la théorie de la relativité générale

Je réponds, très volontiers, à l'invitation d'expliquer la formation historique de mon propre travail scientifique. Rassurez-vous, je ne surestime pas injustement la qualité de ma recherche, mais analyser l'histoire et la genèse du travail des autres implique de s'absorber en leurs propres découvertes. Et là, des personnalités spécialisées dans ce type de recherches historiques réussiront mieux que nous. En revanche, tenter d'éclaircir sa propre pensée antérieure s'avère tellement plus aisé. Là je me retrouve dans une situation infiniment supérieure à toutes les autres et je ne puis manquer de saisir cette occasion, même si je suis taxé d'orgueil !

En 1905, la théorie de la relativité restreinte découvre l'équivalence de tous les systèmes dits systèmes d'inertie pour formuler les lois. Donc se pose immédiatement la question : n'y aurait-il pas une équivalence plus étendue des systèmes de coordonnées ? Autrement dit, si l'on ne peut attribuer au concept de vitesse qu'un sens relatif, faut-il quand même considérer l'accélération comme un concept absolu ?

Du point de vue purement cinématique, on ne pouvait pas douter de la relativité de mouvements quelconques, mais physiquement, une signification privilégiée paraissait devoir être attribuée au système d'inertie. Et par le fait, cette signification exceptionnelle soulignait comme artificiel l'emploi des systèmes de coordonnées se mouvant autrement.

Évidemment, je connaissais la conception de Mach, selon laquelle il s'avérait possible que la résistance d'inertie ne s'opposât pas à une accélération en soi, mais à une accélération à l'égard des masses des autres corps existant dans l'univers. Cette conception exerçait sur moi une véritable fascination sans que j'y trouve une base possible pour une théorie nouvelle.

Pour la première fois je fis un progrès décisif pour la solution du problème, quand je me risquai à traiter la loi de gravitation dans le contexte théorique de la relativité restreinte. Je procédai comme la plupart des savants de ce temps-là. Je voulus établir une loi du champ pour la gravitation, puisque évidemment l'introduction d'une action immédiate à distance n'était plus possible. En effet, je supprimais le concept de simultanéité absolue ou, en quelque sorte, je ne pouvais l'envisager d'une manière naturelle quelconque.

Naturellement, la simplicité me conseillait de maintenir le potentiel scalaire de gravitation de Laplace et de parachever l'équation de Poisson, par un procédé facile à comprendre, par un terme bien spécifique et bien situé par rapport au temps, et ainsi la théorie de la relativité restreinte supportait la difficulté. De plus, il fallait adapter à cette théorie la loi du mouvement du point matériel dans le champ de gravitation. Pour cette recherche, la méthode se dégageait moins clairement, parce que la masse inerte d'un corps peut dépendre du potentiel de gravitation. C'était prévisible en fonction du théorème de l'inertie de l'énergie.

Mais de telles recherches me conduisirent à un résultat qui me rendit sceptique au plus haut point. Selon la mécanique classique, l'accélération verticale d'un corps dans le champ de pesanteur vertical reste indépendante de la composante horizontale de la vitesse. C'est pourquoi l'accélération verticale d'un système mécanique, ou de son centre de gravité, dans un tel champ de pesanteur, s'exerce indépendamment de son énergie cinétique interne. Mais, dans l'ébauche de ma théorie, cette indépendance de l'accélération de chute de la vitesse horizontale ou de l'énergie interne d'un système n'existait pas.

Cette évidence ne coïncidait pas avec la vieille expérience m'affirmant que tous les corps subissent dans un champ de gravitation la même accélération. Ce principe, dont la formulation se traduit par l'égalité des masses inertes et des masses pesantes, m'apparut alors dans sa signification essentielle. Au sens le plus fort du terme, je le découvris et son existence m'amena à deviner qu'il incluait probablement la clef pour une intelligence meilleure et plus profonde de l'inertie et de la gravitation. Je me fondai absolument sur sa validité rigoureuse, mais j'ignorais encore les résultats des expériences d'Eötvös que je ne connus que beaucoup plus tard, si ma mémoire est exacte.

Je me décidai à rejeter comme illusoire cet essai que j'ai exposé plus haut : je ne traiterais plus dès lors le problème de la gravitation dans le cadre de la théorie de la relativité restreinte. Car ce cadre ne correspond absolument pas à la propriété fondamentale de la gravitation. Désormais, le principe de l'égalité de la masse inerte et de la masse pesante peut s'expliciter de façon parfaite : dans un champ de gravitation homogène, tous les mouvements s'exécutent comme en l'absence d'un champ de gravitation, par rapport à un système de coordonnées uniformément accéléré. Si ce principe peut s'appliquer à n'importe quel événement (cf. « principe d'équivalence »), j'ai une preuve que le principe de relativité pourrait être appliqué à des systèmes de coordonnées qui exécutent un mouvement non uniforme les uns par rapport aux autres. Tout ceci supposait que je veuille aboutir à une théorie naturelle du champ de gravitation. Des réflexions de ce type m'occupèrent de 1908 à 1911 et je m'efforçai d'aboutir à des résultats particuliers dont je ne parlerai pas ici : pour moi j'avais acquis une base solide : j'avais découvert que je ne parviendrais à une théorie rationnelle de la gravitation que par une extension du principe de relativité.

Par conséquent, je devais fonder une théorie dont les équations garderaient leur forme dans le cas de transformations non linéaires de coordonnées. J'ignorais, à ce moment de ma recherche, si elle s'appliquerait à des transformations de coordonnées tout à fait ordinaires (continues), ou bien seulement à certaines.

Je remarquai vite qu'avec l'introduction, exigée par le principe d'équivalence, des transformations non linéaires, l'explication simplement physique des coordonnées devait disparaître, c'est-à-dire que je ne pouvais plus attendre que les différences de coordonnées expriment les résultats immédiats des mesures réalisées avec des règles et des horloges idéales. Cette évidence me gênait terriblement car pendant longtemps, je n'arrivais pas à situer la place réelle et nécessaire des coordonnées en physique. Je n'ai vraiment résolu ce dilemme que vers 1912 et d'après le raisonnement suivant.

Il faut que je trouve une nouvelle expression de la loi de l'inertie. Car, si par hasard un réel « champ de gravitation dans l'emploi d'un système d'inertie » faisait défaut, elle servirait de système de coordonnées dans l'expression galiléenne du principe d'inertie. Galilée dit : un point matériel, sur lequel ne s'exerce aucune force, se représente dans l'espace à quatre dimensions par une ligne droite, c'est-à-dire par la ligne la plus courte, ou plus précisément la ligne extrême. Ce concept suppose établi celui de la longueur d'un élément de ligne, donc une métrique. Or dans la théorie de la relativité restreinte, cette mesure – selon les démonstrations de Minkowski – ressemblait à une mesure presque euclidienne, c'est-à-dire : le carré de la « longueur » ds de l'élément de ligne est une fonction quadratique déterminée des différentielles des coordonnées.

Si j'introduis ici d'autres coordonnées, par une transformation non linéaire, ds^2 reste une fonction homogène des différentielles de coordonnées mais les coefficients de cette fonction ($g\mu\nu$) ne sont plus constants, mais seulement certaines fonctions des coordonnées. En langage mathématique, je traduis que l'espace physique à quatre dimensions possède une métrique riemannienne. Les lignes extrêmes de cette métrique donnent la loi du mouvement d'un point matériel sur lequel, en dehors des forces de gravitation, n'agit aucune force. Les coefficients ($g\mu\nu$) de cette métrique décrivent en même temps, par rapport au système de coordonnées choisi, le champ de gravitation.

Grâce à ce moyen, j'ai découvert une formulation naturelle du principe d'équivalence dont l'extension à des champs de gravitation quelconques présentait une hypothèse tout à fait vraisemblable.

La solution du dilemme dont je vous expose l'évolution est donc la suivante : la signification physique n'est pas attachée aux différentielles des coordonnées mais exclusivement à la métrique riemannienne qui leur est associée. Par là, une base pour la théorie de la relativité générale est découverte et s'impose. Mais il reste encore deux problèmes à résoudre :

1. Quand une loi du champ est exprimée en langage de la théorie de la relativité restreinte, comment peut-on la transférer pour une métrique de Riemann ?

Quelles sont les lois différentielles qui déterminent la métrique même (c'est-à-dire les *guv*) de Riemann ?

J'ai travaillé sur ces questions de 1912 à 1914 avec mon ami et collaborateur Marcel Grossmann. Nous avons découvert que les méthodes mathématiques pour résoudre le problème 1 étaient déjà toutes trouvées dans le calcul différentiel infinitésimal de Ricci et de Levi-Civita.

2. Quant au problème 2, on avait absolument besoin pour le résoudre des formes différentielles invariantes du second ordre des *guv*. Nous découvrîmes bientôt que celles-ci avaient déjà été analysées par Riemann (tenseur de courbure). Deux ans avant la publication de la théorie de la relativité générale, nous avions déjà souligné l'importance des équations correctes du champ de gravitation, sans arriver à en dégager l'utilité réelle en physique. Je croyais savoir, au

contraire, qu'elles ne peuvent pas correspondre à l'expérience. En plus, je me persuadais et je pensais pouvoir montrer, en me fondant sur une considération générale, qu'une loi de gravitation invariante relative à des transformations de coordonnées quelconques n'est pas compatible avec le principe de causalité. Ces erreurs de jugement durèrent deux années de travail singulièrement ardu. Je reconnus enfin que je m'étais trompé à la fin de 1915 et je découvris que je devais rattacher l'ensemble aux faits de l'expérience astronomique après avoir repris l'espace courbe de Riemann.

À la lumière de la connaissance déjà acquise, le résultat obtenu semble presque normal et tout étudiant intelligent le devine aisément. Ainsi, la recherche procède par des moments distincts et durables, intuition, aveuglement, exaltation et fièvre. Elle aboutit un jour à cette joie, et connaît cette joie celui qui a vécu ces moments singuliers.

Le problème de l'espace, de l'éther et du champ physique

La pensée scientifique perfectionne la pensée préscientifique. Puisque dans cette dernière le concept d'espace a déjà une fonction fondamentale, établissons et étudions ce concept. Deux façons d'appréhender les concepts sont, l'une et l'autre, essentielles pour en saisir les mécanismes. La première méthode s'appelle l'analytique logique. Elle veut résoudre le problème : comment les concepts et les jugements dépendent-ils les uns des autres ? Notre réponse nous place d'emblée sur un terrain relativement assuré ! Cette sécurité, nous la trouvons et la respectons dans la mathématique. Mais cette sécurité s'obtient au prix d'un contenant sans contenu. Car les concepts ne correspondent à un contenu que s'ils sont liés, même le plus indirectement, aux expériences sensibles. Cependant, aucune recherche logique ne peut affirmer cette liaison. Elle ne peut être que vécue. Et c'est justement cette liaison qui détermine la valeur épistémologique des systèmes de concepts.

Exemple : un archéologue d'une future civilisation découvre un traité de géométrie d'Euclide, mais sans figures. Par la lecture des théorèmes, il reconstituera bien l'emploi des mots « point », « droite », « plan ». Il reconstruira aussi la chaîne des théorèmes et même, d'après les règles connues, il pourra en inventer de nouveaux. Mais cette élaboration de théorèmes restera pour lui un vrai jeu avec des mots, tant qu'il ne « pourra pas se figurer quelque chose » avec les expressions « point », « droite », « plan », etc. Mais s'il le peut et seulement s'il le peut, la géométrie deviendra pour lui un réel contenu. Le même raisonnement s'applique à la mécanique analytique et en général à toutes les sciences logico-déductives.

Qu'est-ce que je veux dire par « pouvoir se figurer quelque chose avec les expressions "point", "droite", "plan", etc. » ? D'abord je précise qu'il faut exprimer la matière des expériences sensibles auxquelles ces mots renvoient. Ce problème extra-logique restera le problème clef que l'archéologue ne pourra résoudre que par intuition, puisant dans ses expériences pour y chercher s'il y trouverait quelque chose d'analogue à ces expressions primitives de la théorie et de ces axiomes, bases mêmes des règles du jeu. Voilà comment, absolument, il faut poser la question de l'existence d'une chose représentée abstraitement.

Car avec les concepts archaïques de notre pensée, nous nous trouvons vis-à-vis de la réalité dans le même cas que notre archéologue vis-à-vis d'Euclide. Nous ne savons pratiquement pas quelles images du monde de l'expérience nous ont déterminés à la formation de nos concepts et nous souffrons terriblement en essayant de représenter le monde de l'expérience, au-delà des avantages de la figuration abstraite, à laquelle nous nous sommes forcés de nous habituer. Enfin, notre langage utilise, doit utiliser des mots inextricablement liés aux concepts primitifs et ainsi la difficulté pour les séparer augmente. Voilà donc les obstacles qui nous barrent la route, quand nous cherchons à comprendre la nature du concept d'espace préscientifique.

Avant de traiter le problème de l'espace, je voudrais faire une observation sur les concepts en général : ils concernent les expériences des sens mais ne peuvent jamais en être déduits logiquement. Pour cette évidence, je n'ai jamais pu accepter la position kantienne de l'*a priori*. Car, dans les questions de réalité, il ne peut jamais s'agir que d'une chose, à savoir : rechercher les caractères des ensembles concernant les expériences sensibles et dégager les concepts qui s'y rapportent.

En ce qui concerne le concept d'espace, il faut le faire précéder par celui d'objet corporel. On a souvent expliqué la nature des complexes et des impressions des sens qui constituent l'origine de ce concept. La correspondance de certaines sensations du toucher et de la vue, la possibilité d'enchaînement indéfini dans le temps et de renouvellement des sensations (toucher, vision) à n'importe quel instant constituent quelques-uns de ces caractères. Dès que le concept de l'objet corporel est dégagé grâce aux expériences indiquées – précisons bien que ce concept n'a nullement besoin du concept d'espace ou de relation spatiale –, la volonté de comprendre par la pensée les relations réciproques entre de tels objets corporels doit nécessairement aboutir à des concepts qui correspondent à leurs relations spatiales. Deux corps solides peuvent se toucher ou être distincts. Dans ce second cas, on peut, sans les modifier en rien, placer entre eux un troisième corps, mais non pas dans le premier cas. Ces relations spatiales sont manifestement réelles, exactement de la même manière que les corps eux-mêmes. Si deux corps sont équivalents pour remplir un intervalle de ce genre, ils se révèlent également équivalents pour combler d'autres intervalles. L'intervalle donc reste indépendant du choix spécial du corps destiné à l'occuper. Cette remarque s'applique d'une façon tout à fait générale aux relations spatiales. Il est évident que cette indépendance, représentant une condition préalable principale de l'utilité de la formation de concepts purement géométriques, ne se reconnaît pas *a priori* nécessaire. Je crois que ce concept d'intervalle, isolé du choix spécial du corps destiné à le combler, pose généralement le point de départ pour aboutir au concept d'espace.

Envisagé sous l'angle de l'expérience sensible, le développement de ce concept paraît, selon ces brèves notations, pouvoir être représenté par le schéma suivant : objet corporel – relations de positions d'objets corporels – intervalle – espace. Selon cette manière de procéder, l'espace s'impose donc comme quelque chose de réel, exactement comme les objets corporels.

Évidemment, dans le monde des concepts extra-scientifiques, le concept d'espace a été pensé comme le concept d'une chose réelle. Mais la mathématique euclidienne ne définissait pas ce concept comme tel, elle préférait utiliser exclusivement les concepts d'objet et les relations de position entre les objets. Le point, le plan, la droite, la distance représentent des objets corporels idéalisés. Toutes les relations de position sont exprimées par les relations de contact (intersections de droites, de plans, positions de points sur les droites, etc.). Dans ce système de concepts, l'espace en tant que continuum n'est jamais envisagé. Descartes, le premier, introduit ce concept en décrivant le point dans l'espace au moyen de ses coordonnées. Ici seulement nous voyons la naissance des formes géométriques et nous pouvons les penser en quelque sorte comme des parties de l'espace infini conçu comme un continuum à trois dimensions.

La grande force de la conception cartésienne de l'espace ne réside pas exclusivement dans le fait qu'elle place l'analyse au service de la géométrie. Le point essentiel, je le vois ici : la géométrie des Grecs privilégie les formes particulières (droite, plan) dans la description géométrique. Et ainsi d'autres formes (l'ellipse par exemple) ne lui sont réellement intelligibles que parce qu'elle les construit ou les définit à l'aide de formes comme le point, la droite et le plan. Dans le système cartésien, en revanche, toutes les surfaces par exemple sont données en principe équivalentes, sans accorder une préférence arbitraire aux formes linéaires dans la construction de la géométrie.

Dans la mesure où la géométrie est intelligible comme doctrine des lois de la position réciproque des corps pratiquement rigides, elle doit être jugée la partie la plus ancienne de la physique. Elle a pu apparaître, comme on l'a déjà souligné, sans le concept d'espace en tant que tel, puisqu'elle pouvait utiliser avec bonheur les formes idéales corporelles, telles le point, la droite, le plan et la distance. En revanche, la physique de Newton exige la totalité de l'espace, au sens de Descartes. Évidemment, les concepts de point matériel, de distance entre les points matériels (variable avec le temps), ne suffisent pas à la dynamique. Dans les équations du mouvement de Newton, la notion d'accélération a un rôle fondamental, non définissable par les seules distances entre les points, variables avec le temps. L'accélération de Newton est pensable et intelligible seulement comme accélération par rapport à la totalité de l'espace. À cette réalité géométrique du concept d'espace s'associe donc une nouvelle fonction de l'espace, qui détermine l'inertie. Quand Newton a déclaré que l'espace est absolu, il avait certainement présent à l'esprit cette signification réelle de l'espace et il a dû, en conséquence et nécessairement, attribuer à son espace un état de mouvement bien défini qui, avouons-le, n'est pas complètement déterminé par les phénomènes de la mécanique. Cet espace est encore inventé absolument à un autre point de vue. Son efficacité à déterminer l'inertie reste indépendante, donc non provoquée par des circonstances physiques quelconques. Il agit sur les masses, rien n'agit sur lui.

Et cependant, dans la conscience et l'imaginaire des physiciens, l'espace garde jusqu'à ces derniers temps l'aspect d'un territoire passif pour tous les événements, comme étranger lui-même aux phénomènes physiques. La formation des concepts prend une autre tournure seulement avec la théorie ondulatoire de la lumière et la théorie du champ électromagnétique de Maxwell et Faraday. Alors il apparaît évident qu'il existe dans l'espace vide d'objets des états se propageant par ondulation, ainsi que des champs localisés pouvant exercer des actions dynamiques sur des masses électriques ou des pôles magnétiques qu'on leur oppose. Mais les physiciens du XIXe siècle jugent totalement absurde d'attribuer à l'espace lui-même des fonctions ou des états physiques. Alors, ils s'obligent à se construire un milieu qui pénétrerait tout l'espace, l'éther, sur le modèle de la manière pondérable. Et l'éther deviendrait le support des phénomènes électromagnétiques et par conséquent aussi des phénomènes lumineux. Tout d'abord, on se représente les états de ce milieu, qui devaient être les champs électromagnétiques, comme mécaniques, exactement à la façon des déformations élastiques des corps solides. Mais on ne peut achever cette théorie mécanique de l'éther, de sorte qu'on s'habitue lentement à renoncer à interpréter de manière plus rigoureuse la nature des champs de l'éther. Ainsi, l'éther s'est transformé en une matière dont la seule fonction consistait à servir de support à des champs électriques qu'on ne savait pas analyser plus profondément. Cela donne alors l'image suivante. L'éther remplit l'espace ; dans l'éther nagent les corpuscules matériels ou les atomes de la matière pondérable. Ainsi, la structure atomique de la matière devient, au tournant du siècle, un résultat solidement acquis par la recherche.

L'action réciproque des corps s'effectuera par les champs, il y aura donc aussi dans l'éther un champ de gravitation mais, à l'époque, la loi de ce champ ne garde aucune forme nettement tranchée. L'éther est pensé comme le siège de toutes les actions dynamiques se faisant expérimenter dans l'espace. Dès que l'on reconnaît que les masses électriques en mouvement produisent un champ magnétique, dont l'énergie fournit un modèle pour l'inertie, celle-ci apparaît immédiatement comme un effet du champ localisé dans l'éther.

Les propriétés de l'éther se reconnaissaient dès l'abord bien confuses. Mais H. A. Lorentz réalise une fantastique découverte. Tous les phénomènes d'électromagnétisme alors repérés pouvaient s'expliquer par deux hypothèses. L'éther reste solidement accroché dans l'espace, dont il ne peut absolument pas se mouvoir. Ou bien l'électricité reste solidement liée aux particules élémentaires mobiles. Aujourd'hui, on peut expliquer la place très exacte de la découverte de H. A. Lorentz : l'espace physique et l'éther ne sont que deux expressions différentes d'une seule et même chose. Les champs sont des états physiques de l'espace. Si l'on n'accorde à l'éther absolument aucun état de mouvement particulier, il ne se présente aucune raison de le faire figurer à côté de l'espace comme une réalité d'un genre particulier. Cependant, une telle façon de penser échappe encore à l'esprit des physiciens. Car, selon eux, après comme avant, l'espace garde quelque chose de rigide et d'homogène, donc non susceptible d'aucun changement et d'aucun état. Seul le génie de Riemann, isolé, méconnu, au milieu du siècle dernier, déblaie le chemin pour aboutir à la conception d'une nouvelle notion d'espace. Elle dénie à l'espace la rigidité. L'espace peut participer aux événements physiques. Il le reconnaît possible ! Ce tour de force de la pensée riemannienne emporte l'admiration et précède la théorie du champ électrique de Faraday et Maxwell. Et c'est le tour de la théorie de la relativité restreinte. Elle reconnaît l'équivalence physique de tous les systèmes d'inertie, et la liaison avec l'électrodynamique ou avec la loi de la propagation de la lumière découvre logique l'inséparabilité de l'espace et du temps. Avant, on reconnaissait tacitement que le continuum à quatre dimensions dans le monde des phénomènes pouvait être séparé pour l'analyse d'une manière objective en temps et en espace. Ainsi le mot « maintenant » offre dans le monde des phénomènes un sens absolu. La relativité de la simultanéité est ainsi reconnue et en même temps l'espace et le temps sont vus unis en un seul continuum, exactement comme auparavant avaient été réunies en un seul continuum les trois dimensions de l'espace. L'espace physique est ainsi complet. Il est espace à quatre dimensions, puisqu'il intègre la dimension temps. Cet espace à quatre dimensions de la théorie de la relativité restreinte apparaît aussi structuré, aussi absolu que l'espace de Newton.

Cette théorie de la relativité présente un excellent exemple du caractère fondamental du développement moderne de la théorie. Les hypothèses de départ deviennent de plus en plus abstraites, de plus en plus éloignées de l'expérience. Mais en revanche, on se rapproche beaucoup de l'idéal scientifique par excellence : rassembler, par déduction logique, grâce à un minimum d'hypothèses ou d'axiomes, un maximum d'expériences. Ainsi, l'épistémologie procédant des axiomes vers les expériences ou vers les conséquences vérifiables se révèle de plus en plus ardue et délicate ; de plus en plus, le théoricien est contraint, dans la recherche des théories, de se laisser dominer par des points de vue formels rigoureusement mathématiques parce que l'expérience de l'expérimentateur en physique ne peut plus mener vers les régions de très haute abstraction. Les méthodes inductives, d'usage dans la Science, correspondant en réalité à la jeunesse de la Science, sont éliminées pour une méthode déductive précautionneuse. Une combinaison théorique de ce genre doit présenter un haut degré de perfection pour pouvoir déboucher sur des conséquences qui, en dernière analyse, seront confrontées à l'expérience. Là encore, le juge suprême, avouons-le, reste le fait expérimental ; mais la reconnaissance par le fait expérimental évalue aussi le travail terriblement long et complexe et souligne les ponts établis entre les immenses conséquences vérifiables et les axiomes qui les ont permis. Le théoricien doit exécuter ce travail de Titan avec la claire certitude qu'il n'a d'autre ambition que de préparer peut-être l'assassinat de sa propre théorie. On ne doit jamais critiquer le théoricien quand il entreprend un tel travail et le taxer de fantaisiste. Il faut estimer cette fantaisie. Car elle représente pour lui le seul itinéraire qui mène au but. Assurément il ne s'agit pas d'une plaisanterie, mais d'une patiente recherche en vue des possibilités logiquement les plus simples, et en vue de leurs conséquences. Cette *captatio benevolentiae* s'impose. Elle dispose nécessairement mieux l'auditeur ou le lecteur à suivre avec passion le déroulement des idées que je vais donner. Car c'est ainsi que je suis passé de la théorie de la relativité restreinte à la théorie de la relativité générale et, de là, en son ultime prolongement, à la théorie du champ unitaire. Je ne puis, pour exposer cette démarche, éviter complètement l'emploi de symboles mathématiques.

Commençons par la théorie de la relativité restreinte. Celle-ci se fonde directement sur une loi empirique, celle de la constance de la vitesse de la lumière. Soit P un point dans le vide. P' un point infiniment proche, dont la distance de P est d. Supposons une émission lumineuse issue de P au moment t, atteignant P' au moment $t + d$. On obtient alors :

$$d\sigma^2 = c^2 dt^2$$

Si dx_1, dx_2, dx_3 sont les projections orthogonales de $d\sigma$ et si on introduit la coordonnée de temps imaginaire $ct\sqrt{1} = x_4$, la loi ci-dessus de la constance de la propagation de la lumière s'écrit alors :

$$ds^2 = dx_1^2 + dx_2^2 + dx_3^2 + dx_4^2 = 0$$

Puisque cette formule exprime un état réel, on peut attribuer à la grandeur ds une signification réelle, même dans le cas où les points voisins du continuum à quatre dimensions sont choisis de telle sorte que le ds correspondant ne disparaisse pas. Ceci s'exprime à peu près comme cela : l'espace à quatre dimensions (avec la coordonnée imaginaire de temps) de la théorie de la relativité restreinte possède une métrique euclidienne.

La raison d'un tel choix consiste en ceci : Admettre une telle métrique dans un continuum à trois dimensions contraint obligatoirement à admettre les axiomes de la géométrie euclidienne. L'équation de définition de la métrique représente dans ce cas exactement ce que le théorème de Pythagore représente appliqué aux différentielles des coordonnées.

Dans la théorie de la relativité restreinte, de tels changements de coordonnées (par une transformation) sont possibles puisque dans les nouvelles coordonnées également la grandeur ds^2 (invariant fondamental) s'exprime dans les nouvelles différentielles de coordonnées par la somme des carrés. Les transformations de cette nature se dénomment « transformations de Lorentz ».

La méthode heuristique de la théorie de la relativité restreinte se définit ainsi par la caractéristique suivante : pour exprimer les lois naturelles, on ne doit admettre que des équations dont la forme ne change pas, même quand on modifie les coordonnées au moyen d'une transformation de Lorentz (covariance des équations par rapport aux transformations de Lorentz).

Par cette méthode, je reconnais la liaison nécessaire de l'impulsion et de l'énergie, de l'intensité du champ magnétique et du champ électrique, des forces électrostatiques et électrodynamiques, de la masse inerte et de l'énergie et, automatiquement, le nombre des notions indépendantes et des équations fondamentales de la physique se trouve de plus en plus restreint.

Cette méthode dépasse ses propres limites. Est-il exact que les équations exprimant les lois naturelles ne soient covariantes que par rapport aux transformations de Lorentz et non par rapport à d'autres transformations ? À vrai dire, la question ainsi posée n'a honnêtement aucun sens, puisque tout système d'équations peut s'exprimer avec des coordonnées générales. Demandons plutôt : Les lois naturelles ne sont-elles pas ainsi faites que le choix de coordonnées particulières quelconques ne leur fasse pas subir une modification essentielle ?

Je reconnais, en passant, que notre principe, fondé sur l'expérience de l'égalité de la masse inerte et de la masse pesante, nous oblige à répondre affirmativement. Si j'élève au rang de principe l'équivalence de tous les systèmes de coordonnées pour formuler les lois de la nature, j'aboutis à la théorie de la relativité générale. Mais je dois maintenir la loi de la constance de la vitesse de la lumière ou bien l'hypothèse de la signification objective de la métrique euclidienne, au moins pour les parties infiniment petites de l'espace à quatre dimensions.

Donc, pour les domaines finis de l'espace, je suppose l'existence (physiquement significative) d'une métrique générale selon Riemann, comme la formule suivante :

$$ds^2 = \sum_{\mu\nu} g\mu\nu dx^\mu dx^\nu,$$

où la sommation doit s'étendre à toutes les combinaisons d'indices de 1,1 à 4,4.

La structure d'un tel espace présente un seul point différent, absolument essentiel, de l'espace euclidien. Les coefficients $g\mu\nu$ sont provisoirement des fonctions quelconques des coordonnées x_1 à x_4 et la structure de l'espace ne se reconnaît vraiment déterminée que lorsque ces fonctions $g\mu\nu$ sont réellement connues. On peut également affirmer que la structure d'un tel espace se présente en soi réellement indéterminée. Elle ne le devient de façon plus rigoureuse que lorsqu'on souligne les lois auxquelles se rattache le champ mesurable du $g\mu\nu$. Pour des raisons d'ordre physique, la conviction subsistait : le champ de la mesure est en même temps le champ de gravitation.

Puisque le champ de gravitation est déterminé par la configuration des masses, qu'il varie avec elle, la structure géométrique de cet espace dépend aussi de facteurs physiques. Selon cette théorie, l'espace n'est plus absolu (exactement le pressentiment de Riemann !) mais sa structure dépend d'influences physiques. La géométrie (physique) ne s'avère plus une science isolée, renfermée sur elle-même, comme la géométrie d'Euclide.

Le problème de la gravitation est ainsi ramené à sa dimension problématique mathématique. Il faut chercher les équations conditionnelles les plus simples, covariantes à l'égard de transformations quelconques de coordonnées. Ce problème, bien délimité, au moins, je peux le résoudre.

Il ne s'agit pas de discuter ici de la question de vérifier cette théorie par l'expérience mais de préciser immédiatement pourquoi la théorie ne peut pas se satisfaire de ce résultat. La gravitation est réintroduite dans la structure de l'espace. C'est un premier point mais hors de ce champ de gravitation existe le champ électromagnétique. Il faut d'abord considérer théoriquement ce dernier champ comme une réalité indépendante de la gravitation. Dans l'équation conditionnelle pour le champ, j'ai été contraint d'introduire des termes supplémentaires pour expliquer l'existence de ce champ électromagnétique. Mais mon esprit de théoricien ne peut absolument pas supporter l'hypothèse de deux structures de l'espace, indépendantes l'une de l'autre, l'une en gravitation métrique, l'autre en électromagnétique. Ma conviction s'impose que ces deux sortes de champ doivent en réalité correspondre à une structure unitaire de l'espace.

Jean Kepler

À notre époque, justement en ces moments de grands soucis et de grands tumultes, nous ne pouvons guère éprouver de sensations heureuses à cause des hommes et à cause de leurs politiques. Aussi sommes-nous particulièrement émus et consolés par une réflexion sur un homme aussi remarquable et aussi impavide que Kepler. De son temps, l'existence des lois générales pour les phénomènes de la nature ne présentait aucune certitude. Aussi devait-il avoir une singulière conviction en ces lois pour qu'il puisse, des dizaines d'années durant, y consacrer toutes ses forces par un travail obstiné et suprêmement compliqué. En effet, il cherche empiriquement à comprendre le mouvement des planètes et les lois mathématiques qui les expriment. Il est seul. Nul ne le soutient ni ne le comprend. Pour honorer sa mémoire, je voudrais analyser aussi rigoureusement que possible son problème et les étapes de sa découverte.

Copernic initie les meilleurs chercheurs en soulignant que le meilleur moyen de comprendre et d'expliciter les mouvements apparents des planètes consiste à découvrir ces mouvements comme des révolutions autour d'un point supposé fixe, le Soleil. Donc si le mouvement d'une planète autour du Soleil comme centre était uniforme et circulaire, il devenait singulièrement facile de découvrir à partir de la Terre l'aspect de ces mouvements. Mais, en réalité, les phénomènes sont plus complexes et le travail de l'observateur beaucoup plus délicat. Il faut d'abord déterminer ces mouvements empiriquement, en utilisant les tables d'observation de Tycho Brahé. Seulement après ce fastidieux travail, il est possible d'envisager ou de rêver les lois générales auxquelles ces mouvements se plieraient.

Mais ce travail d'observation des mouvements réels de révolution s'avère ardu et, pour en prendre conscience, il faut méditer cette évidence. On n'observe jamais à un moment déterminé la place réelle d'une planète. On sait seulement dans quelle direction elle est observée de la Terre qui, elle-même, accomplit autour du Soleil un mouvement d'une loi encore non découverte. Les difficultés semblent vraiment pratiquement insurmontables.

Kepler est forcé de trouver le moyen qui organisera le chaos. Tout d'abord il découvre qu'il faut essayer de déterminer le mouvement de la Terre elle-même. Or ce problème est tout simplement insoluble si n'existent que le Soleil, la Terre, les étoiles fixes, à l'exclusion des autres planètes. Car on pourrait, empiriquement, déterminer la variation annuelle de la direction de la ligne droite Soleil-Terre (mouvement apparent du Soleil par rapport aux étoiles fixes). Mais ce serait tout. On pourrait aussi découvrir que toutes ces directions se situent dans un plan fixe par rapport à des étoiles fixes, pour autant que la précision des observations recueillies à l'époque permette de le formuler. Car le télescope n'existe pas encore ! Or il faut déterminer comment la ligne Soleil-Terre évolue autour du Soleil. On remarqua alors que chaque année, régulièrement, la vitesse angulaire de ce mouvement se modifiait. Mais cette constatation n'aida pas énormément, parce qu'on ne connaissait pas la raison pour laquelle la distance de la Terre au Soleil variait. Si seulement on avait connu les modifications annuelles de cette distance, on aurait pu déterminer la forme véritable de l'orbite de la Terre et de la manière dont elle est accomplie.

Kepler trouve un procédé admirable pour dénouer ce dilemme. Tout d'abord, d'après les résultats des observations solaires, il voit que la vitesse du parcours apparent du Soleil sur l'arrière-fond des étoiles fixes diffère aux différentes époques de l'année. Mais il voit aussi que la vitesse angulaire de ce mouvement reste toujours la même à la même époque de l'année astronomique. Donc la vitesse de rotation de la ligne Terre-Soleil reste toujours la même, si elle est dirigée vers la même région des étoiles fixes. Donc il est permis de supposer que l'orbite de la Terre se referme sur elle-même et que la Terre l'accomplit tous les ans de la même manière. Or ceci n'est pas évident *a priori*. Pour les adeptes du système de Copernic, cette explication devrait, pratiquement inexorablement, s'appliquer aussi aux orbites des autres planètes.

Cette découverte réalise déjà un progrès. Mais comment déterminer la véritable forme de l'orbite de la Terre ? Imaginons, placée quelque part dans le plan de l'orbite, une lanterne M qui jette une vive lumière et qui garde une position fixe, nous l'avons vérifié. Elle constitue donc pour la détermination de l'orbite terrestre une sorte de point fixe de triangulation auquel les habitants de la Terre peuvent se référer à toute époque de l'année. Précisons en plus que cette lanterne soit plus éloignée du Soleil que de la Terre. Grâce à elle, on peut évaluer l'orbite terrestre de cette manière.

Or, chaque année, il existe un moment où la Terre T se situe exactement sur la ligne reliant le Soleil S à la lanterne M. Si, à ce moment, on observe de la Terre T la lanterne M, cette direction est aussi la direction SM (Soleil-lanterne). Imaginons cette dernière direction tracée dans le ciel. Imaginons maintenant une autre position de la Terre, à un autre moment. Puisque, de la Terre, on peut voir aussi bien le Soleil S que la lanterne M, l'angle en T du triangle STM est connu. Mais on connaît aussi par l'observation directe du Soleil la direction ST par rapport aux étoiles fixes, tandis qu'auparavant la direction de la ligne SM par rapport aux étoiles fixes a été déterminée une fois pour toutes. On connaît également dans le triangle STM l'angle en S. Donc, en choisissant selon son gré une base SM, on peut tracer sur le papier, grâce à la connaissance des deux angles en T et en S, le triangle STM. On peut donc opérer ainsi plusieurs fois pendant l'année et à chaque fois, sur le papier, on dessine un emplacement pour la Terre T, avec la date correspondante et sa position par rapport à la base SM, fixée une fois pour toutes. Donc Kepler peut déterminer ainsi, empiriquement, l'orbite terrestre. Il ignore simplement sa dimension absolue, mais c'est tout !

Mais, objecterez-vous, où donc Kepler a-t-il pris la lanterne M ? Son génie, soutenu par l'inépuisable et bienfaisante nature, l'a aidé à trouver. Il pouvait, par exemple, utiliser la planète Mars. On en connaissait la révolution annuelle, c'est-à-dire le temps pour Mars d'accomplir un tour autour du Soleil. Il peut se produire un cas où Soleil, Terre, Mars se trouvent exactement dans le même prolongement. Or cette position de Mars se répète chaque fois après une, deux, etc., années martiennes, puisque Mars accomplit une trajectoire fermée. À ces moments connus, SM présente toujours la même base, tandis que la Terre se situe toujours en un point différent de son orbite. Donc, à ces moments-là, les observations du Soleil et de Mars offrent un moyen de connaître la véritable orbite de la Terre puisque la planète Mars reproduit, en cette situation-là, le rôle de la lanterne imaginée et décrite plus haut.

Kepler découvre ainsi la forme juste de l'orbite terrestre ainsi que la manière dont la Terre l'accomplit. Nous autres, appelés aujourd'hui Européens, Allemands, voire même Souabes, nous nous devons d'admirer et de glorifier Kepler pour cette intuition et sa fécondité.

L'orbite terrestre est donc empiriquement déterminée ; on connaît, à tout moment, la ligne ST dans sa position et sa grandeur véritables. Donc, en principe, ce ne doit plus être très difficile pour Kepler de calculer selon le même procédé, et d'après des observations, les orbites et les mouvements des autres planètes. Mais en fait cela présente une énorme difficulté parce que les mathématiques de son temps restent encore primaires.

Kepler cependant occupe sa vie à une deuxième question, complexe elle aussi. Les orbites, il les connaît empiriquement, mais leurs lois, il faut les déduire de ces résultats empiriques. Il va établir une supposition sur la nature mathématique de la courbe de l'orbite. Il va la vérifier ensuite au moyen d'énormes calculs numériques. Et si les résultats ne coïncident pas avec la supposition, il imaginera une autre hypothèse et il vérifiera à nouveau. Il exécutera de prodigieuses recherches. Et Kepler obtient un résultat conforme à l'hypothèse quand il imagine cela : l'orbite est une ellipse dont le Soleil occupe un des foyers. Il trouve alors la loi d'après laquelle la vitesse varie pendant une révolution, au point que la ligne Soleil-planète accomplit en des temps identiques des surfaces identiques. Enfin, Kepler découvre que les carrés de durées de révolution sont proportionnels aux troisièmes puissances des grands axes d'ellipses.

Nous admirons cet homme merveilleux. Mais, au-delà de ce sentiment d'admiration et de vénération, nous avons l'impression de communiquer non plus avec un être humain mais avec la nature et le mystère dont nous sommes depuis notre naissance entourés.

Déjà, dans l'Antiquité, les hommes imaginèrent des courbes pour se forger des lois les plus évidentes possible. Parmi elles, ils conçurent la ligne droite, le cercle, l'ellipse et l'hyperbole. Or nous observons que ces dernières formes sont réalisées, même avec une grande approximation, dans les trajectoires des corps célestes.

La raison humaine, je le crois très intimement, paraît obligée d'élaborer d'abord et spontanément des formes et ensuite elle s'exerce à en démontrer l'existence dans la nature. L'œuvre géniale de Kepler prouve cette intuition de manière particulièrement convaincante. Kepler témoigne que la connaissance ne s'inspire pas uniquement de la simple expérience, mais fondamentalement de l'analogie entre la conception de l'homme et l'observation qu'il réalise.

La mécanique de Newton et son influence sur la formation de la physique théorique

Nous fêtons, ces jours-ci, le bicentenaire de la mort de Newton. Je voudrais évoquer l'intelligence de cet esprit clairvoyant. Car nul avant lui et même depuis n'a vraiment ouvert des voies nouvelles à la pensée, à la recherche, à la formation pratique des hommes de l'Occident. Bien évidemment notre mémoire le considère comme l'inventeur génial des méthodes directrices particulières. Mais aussi il domine, lui et lui seul, toute la connaissance empirique de son époque. Et il se révèle prodigieusement ingénieux pour toute démonstration mathématique et physique, au niveau même du détail. Toutes ces raisons nous le font admirer. Cependant, Newton dépasse l'image qu'il donne de lui, celle d'un maître. Car il se situe à un moment crucial du développement humain. Il faut absolument le comprendre et ne jamais l'oublier. Avant Newton, il n'existe aucun système complet de causalité physique capable d'envisager, même d'une manière quelconque, les faits plus évidents et les plus répétés du monde de l'expérience.

Les grands philosophes de l'Antiquité hellénique exigeaient d'intégrer tous les phénomènes matériels en une suite rigoureusement déterminée par la loi de mouvements d'atomes. Jamais la volonté d'êtres humains n'aurait pu intervenir, cause indépendante, dans cette chaîne inéluctable. Admettons cependant que Descartes, à sa façon, ait repris la poursuite de ce même but. Mais son entreprise consiste en un désir plein d'audace, et en l'idéal problématique d'une école de philosophie. Des résultats positifs, incontestés et incontestables, éléments d'une théorie pour une causalité physique parfaite, rien de tout cela n'existe pratiquement avant Newton.

Mais lui veut répondre à la question précise : Existe-t-il une règle simple ? Si oui, pourrai-je calculer complètement le mouvement des corps célestes de notre système planétaire, à condition que l'état de mouvement de tous ces corps à un moment donné soit connu ? Le monde connaît les lois empiriques de Kepler sur le mouvement planétaire. Elles se fondent sur les observations de Tycho Brahé. Elles exigent une explication. Aujourd'hui, on réalise l'immensité de l'effort de l'esprit puisqu'il s'agit alors de déduire des lois à partir d'orbites empiriquement connues. Et peu de personnes apprécient réellement la géniale aventure de Kepler, quand il réussit en effet à déterminer les orbites réelles d'après les directions apparentes, c'est-à-dire observées depuis la Terre. Certes, ces lois fournissent une réponse satisfaisante à la question de savoir comment les planètes se déplacent autour du Soleil : forme elliptique de l'orbite, égalité des aires balayées dans des temps égaux, relations entre demi-grands axes et durées de parcours. Mais ces règles ne répondent pas au besoin d'explication causale. Car ce sont trois règles logiquement indépendantes l'une de l'autre, mais absolument dépourvues de toute connexion interne. Ainsi, la troisième loi ne peut pas, purement et simplement, être appliquée numériquement à un autre corps central que le Soleil ! Par exemple, il n'existe aucune relation entre la durée de parcours d'une planète autour du Soleil et celle d'un satellite autour de sa planète ! Le plus grave se dévoile là : ces lois concernent le mouvement en tant qu'ensemble. Elles ne répondent pas à la question : « Comment de l'état de mouvement d'un système découle le mouvement qui lui succède immédiatement dans la durée ? » Utilisons notre langage actuel. Nous cherchons des intégrales, non des lois différentielles.

Or la loi différentielle constitue la seule forme qui satisfasse complètement ce besoin d'explication causale du physicien moderne. Et la conception parfaitement claire de la loi différentielle reste un des plus grands exploits de Newton. Non seulement il fallait la capacité de penser ce problème mais il fallait dépasser ce formalisme mathématique en son état rudimentaire. Tout devait être traduit par une forme systématique. Or Newton, là encore, invente cette systématisation dans le calcul différentiel et le calcul intégral. Peu importe de discuter et de savoir si Leibniz, indépendamment de lui, a découvert les mêmes méthodes mathématiques ou pas ! Newton, de toute façon, à ce moment de son raisonnement, en a nécessairement besoin. Car ces méthodes lui sont, de toute évidence, indispensables pour exprimer les résultats de sa pensée conceptuelle.

Le premier progrès significatif dans la connaissance de la loi du mouvement a été accompli déjà auparavant par Galilée. Il connaît la loi de l'inertie et celle de la chute libre des corps dans le champ de gravitation de la Terre : une masse (avec plus de précision encore un point matériel) non influencée par d'autres masses se meut uniformément en ligne droite. La vitesse verticale d'un corps libre croît, dans le champ de la pesanteur, proportionnellement au temps. Aujourd'hui, nous pourrions naïvement songer que des connaissances de Galilée à la loi du mouvement de Newton, le progrès s'avérait très banal. Et pourtant il ne faut pas négliger l'observation suivante : les deux énoncés, Galilée, Newton, définissent, d'après leur forme, le mouvement dans son ensemble. Mais déjà la loi de Newton répond à la question précise : Comment se manifeste l'état de mouvement d'un point matériel dans un temps infiniment petit, sous l'influence d'une force extérieure ? Car c'est uniquement en passant à l'observation du phénomène pendant un temps infiniment petit (loi différentielle) que Newton arrive à dégager les formules s'appliquant à des mouvements quelconques. Il utilise la notion de force que la statique a déjà développée. Pour rendre possible la liaison entre force et accélération, il introduit un nouveau concept, celui de masse. Il présente une belle définition mais, curieusement, ce n'est qu'une apparence. Notre habitude actuelle à fabriquer des concepts s'appliquant à des quotients différentiels nous empêche de comprendre quelle fantastique puissance d'abstraction s'imposait pour aboutir, par une double dérivation, à la loi différentielle générale du mouvement, où ce concept de masse serait encore à inventer.

Nous n'avions pas encore compris, même avec ce progrès, l'intelligence causale des phénomènes de mouvement. Car le mouvement n'est déterminé par l'équation du mouvement que lorsque la force apparaît. Newton, conditionné probablement par les lois du mouvement des planètes, a l'idée que la force agissant sur une masse est déterminée par la position de toutes les masses, se situant à une distance suffisamment petite de la masse en question. Dès que cette relation est connue, Newton connaît l'intelligence complète des phénomènes de mouvement. Tout le monde sait donc comment Newton, continuant l'analyse des lois du mouvement planétaire de Kepler, résout le dilemme par la gravitation, découvre ainsi l'identité des forces motrices, celles qui agissent sur les astres et celles de la pesanteur. Voilà l'union de la loi du mouvement et de la loi de l'attraction, voilà le chef-d'œuvre admirable de sa pensée. Car il permet de calculer, en partant de l'état d'un système fonctionnant à un moment donné, les états antérieurs et postérieurs, dans la mesure évidemment où les phénomènes se produisent sous l'action des forces de la gravitation. Le système de concepts de Newton présente une extrême cohérence logique puisqu'il ne découvre comme causes d'accélération des masses d'un système que ces masses mêmes.

Sur cette base que j'analyse en ses grandes lignes, Newton parvient à expliquer dans les menus détails les mouvements des planètes, des satellites, des comètes, le flux et le reflux, le mouvement de précession de la Terre, une somme de déductions d'un génie incomparable ! L'origine de cette théorie particulièrement admirable, c'est la conception suivante : la cause des mouvements des corps célestes est identique à la pesanteur. Maintenant, quotidiennement, l'expérience le vérifie.

L'importance des travaux de Newton consiste essentiellement dans la création et l'organisation d'une base utilisable, logique et satisfaisante pour la mécanique proprement dite. Mais ces travaux constituent jusqu'à la fin du XIXe siècle le programme fondamental de tout chercheur dans le domaine de la physique théorique. Tout événement physique doit être traduit en termes de masse, et ces termes sont réductibles aux lois du mouvement de Newton. La loi de la force fait exception. Puis il faut élargir et adapter ce concept au genre de faits utilisés par l'expérience. Newton lui-même a tenté d'appliquer son programme à l'optique, en imaginant la lumière composée de corpuscules inertes. L'optique de la théorie ondulatoire utilisera également la loi du mouvement de Newton, après qu'elle se fut appliquée à des masses distribuées d'une manière continue. La théorie cinétique de la chaleur se fonde exclusivement sur les équations du mouvement de Newton. Or cette théorie non seulement forme les esprits à la connaissance de la loi de la conservation de l'énergie, mais aussi forme une théorie des gaz, confirmée en tous ses points, ainsi qu'une conception très élaborée de la nature selon le second principe de la thermodynamique. La théorie de l'électricité et de l'électromagnétisme s'est développée de la même manière jusqu'à nos jours, entièrement sous l'influence directrice des idées fondamentales de Newton (substance électrique et magnétique, forces agissant à distance). Même la révolution opérée par Faraday et Maxwell dans l'électrodynamique et l'optique, révolution constituant le premier grand progrès fondamental des bases de la physique théorique depuis Newton, même cette révolution se réalise intégralement à l'intérieur du schéma des idées newtoniennes. Maxwell, Boltzmann, Lord Kelvin ne cesseront pas de reporter les champs électromagnétiques et leurs actions dynamiques réciproques à des phénomènes mécaniques de masses hypothétiques réparties d'une manière continue. Mais, à cause des échecs, ou du moins de l'absence de réussite de ces efforts, on remarque, peu à peu depuis la fin du XIXe siècle, une révolution des manières de penser fondamentales. Maintenant la physique théorique a quitté le cadre newtonien que, depuis près de deux siècles, elle conservait comme guide scientifique intellectuel et moral.

Au point de vue logique, les principes fondamentaux de Newton apparaissaient si satisfaisants qu'une incitation à une innovation ne pouvait être provoquée que par la pression des faits de l'expérience. Avant de réfléchir à cette puissance logique abstraite, je dois rappeler que Newton lui-même connaît les côtés faibles inhérents à l'architecture de sa pensée, et il le sait mieux encore que les générations de savants qui lui succéderont. Ce fait me bouleverse et provoque en moi une admiration nuancée de respect. Aussi vais-je essayer de méditer plus profondément cette évidence.

1. On remarque constamment l'effort de Newton de présenter son système de pensées comme nécessairement conditionné par l'expérience. On remarque aussi qu'il utilise le moins possible de concepts non directement rattachables aux objets de l'expérience. Et pourtant il pose les concepts : espace absolu, temps absolu ! À notre époque, on lui en fait souvent grief. Mais, justement, dans cette affirmation, Newton se reconnaît particulièrement conséquent avec lui-même. Car il a découvert expérimentalement que les grandeurs géométriques observables (distances des points matériels entre eux) et leur cours dans le temps ne définissent pas complètement les mouvements au point de vue physique. Il a démontré ce fait par la célèbre expérience du seau. Donc il existe, en dehors des masses et de leurs distances variables dans le temps, encore quelque chose de déterminant pour les événements. Ce « quelque chose », il l'imagine comme le rapport à l'« espace absolu ». Il avoue que l'espace doit posséder une espèce de réalité physique pour que ses lois du mouvement puissent avoir un sens, une

réalité de même nature que celle des points matériels et de leurs distances.

Cette connaissance lucide de Newton souligne évidemment sa sagesse mais aussi la faiblesse de sa théorie. Car la construction logique de cette architecture s'imposerait certainement beaucoup mieux sans ce concept obscur. Car alors, dans les lois, nous ne trouverions que des objets (points matériels, distances) dont les relations avec les perceptions resteraient parfaitement transparentes.

2. Introduire des forces directes, agissant à distance et instantanément pour représenter les effets de gravitation, ne concorde pas avec le caractère de la plupart des phénomènes connus par l'expérience quotidienne. Newton répond à cette objection. Il déclare que sa loi de l'action réciproque de la pesanteur n'ambitionne pas d'être une explication définitive, mais plutôt une règle déduite de l'expérience.

3. Au fait particulièrement remarquable que le poids et l'inertie d'un corps restent déterminés par la même grandeur (la masse), Newton n'offre en sa théorie aucune explication ; mais la singularité du fait ne lui échappe pas.

Aucun de ces trois points ne permet une objection logique contre la théorie. Il s'agit plutôt de désirs insatisfaits de l'esprit scientifique, supportant mal de ne pouvoir pénétrer totalement et par une conception unitaire les phénomènes de la nature.

La théorie de l'électricité de Maxwell attaque et ébranle pour la première fois la doctrine du mouvement de Newton, considérée comme programme de toute physique théorique. Car on constate que les actions réciproques exercées entre les corps par des corps électriques et magnétiques ne dépendent pas des corps agissant à distance et instantanément, mais sont provoquées par des opérations se propageant à travers l'espace avec une vitesse finie. D'après la conception de Faraday, on établit qu'il existe à côté du point matériel et de son mouvement une nouvelle espèce d'objets physiques réels ; on l'appelle « champ ». On cherche immédiatement à le concevoir, en se fondant sur la conception mécanique, comme un état (de mouvement ou de contrainte) mécanique d'un milieu hypothétique (l'éther) qui remplirait l'espace. Mais cette interprétation mécanique, malgré les efforts les plus opiniâtres, n'aboutit pas. Alors on se voit obligé, peu à peu, de concevoir le « champ électromagnétique » comme l'élément ultime, irréductible de la réalité physique. H. Hertz réussit à isoler le concept de champ de tout l'arsenal puisé au fond des concepts de la mécanique. Il en comprend le rôle, et nous lui devons ce progrès. Enfin, H. A. Lorentz réussit à isoler le champ de son support matériel. En effet, selon H. A. Lorentz, le support du champ ne se figure que par l'espace physique vide ou l'éther. Mais l'éther, déjà dans la mécanique de Newton, n'a pas été purifié de toute fonction physique. Cette évolution s'achève alors et plus personne ne croit aux actions à distance directes et instantanées, pas même dans le domaine de la gravitation. Et pourtant, faute de faits suffisants connus, aucune théorie du champ n'a été essayée à partir de la gravitation de façon unilatérale ! Ainsi, le développement de la théorie du champ électromagnétique engendre l'hypothèse suivante : puisqu'on abandonne la théorie de Newton des forces agissant à distance, on expliquera par l'électromagnétisme la loi newtonienne du mouvement, ou bien on la remplacera par une loi plus exacte fondée sur la théorie du champ. Ces tentatives n'aboutiront pas vraiment à un résultat définitif. Mais les idées fondamentales de la mécanique cessent désormais d'être jugées comme principes essentiels de l'image du monde physique.

La théorie de Maxwell-Lorentz aboutit inéluctablement à la théorie de la relativité restreinte qui, pour détruire la fiction de simultanéité absolue, s'interdit de croire en l'existence de forces agissant à distance. Selon cette théorie, la masse n'est plus une grandeur immuable mais varie selon son contenu d'énergie, et même lui est équivalente. Selon cette théorie, la loi du mouvement de Newton ne peut être envisagée que comme une loi limite valable pour de petites vitesses. En revanche se révèle une nouvelle loi du mouvement ; elle remplace la précédente et elle montre que la vitesse de la lumière dans le vide existe, mais comme vitesse limite.

Le dernier progrès du développement du programme de la théorie du champ s'appelle la théorie de la relativité générale. Quantitativement, elle modifie peu la théorie newtonienne, mais qualitativement elle y provoque des modifications essentielles. L'inertie, la gravitation, le comportement mesuré des corps et des horloges, tout se traduit dans la qualité unitaire du champ. Et ce champ lui-même se présente comme dépendant de corps (généralisation de la loi de Newton ou de la loi du champ lui correspondant, comme Poisson l'avait déjà formulé). Ainsi, espace et temps se sont vidés de leur substance réelle! Mais espace et temps perdent leur caractère d'absolu causal (influençant, mais non influencé) que Newton fut contraint de leur attribuer pour pouvoir énoncer les lois alors connues. La loi d'inertie généralisée remplace le rôle de la loi du mouvement de Newton. Cette réflexion schématique veut souligner comment les éléments de la théorie de Newton se sont intégrés dans la théorie de la relativité générale et comment les trois défauts analysés plus haut ont pu être corrigés. Dans le cadre de la théorie de la relativité générale, me semble-t-il, la loi du mouvement peut se déduire de la loi du champ correspondant à la loi des forces de Newton. Quand ce but est réellement atteint, et complètement, on peut vraiment raisonner sur la pure théorie du champ.

La mécanique de Newton prépare encore la voie à la théorie du champ en un sens plus formel. En effet, l'application de la mécanique de Newton aux masses distribuées d'une manière continue a provoqué inéluctablement la découverte puis l'emploi des équations aux dérivées partielles. Ensuite, elles ont fourni un langage aux lois de la théorie du champ. Sous ce rapport formel, la conception de Newton de la loi différentielle illustre le premier progrès du développement ci-après.

Toute l'évolution de nos idées sur la façon dont jusqu'à présent nous imaginons les opérations de la nature peut se concevoir comme un développement organique des pensées newtoniennes. Mais pendant que l'organisation structurée de la théorie du champ s'effectuait, les faits du rayonnement thermique, des spectres, de la radioactivité, etc., révélaient une limite d'utilisation de tout le système de pensées. Et aujourd'hui encore, même si nous avons obtenu des succès prestigieux mais sporadiques, ce seuil est apparu pratiquement infranchissable ; avec un certain nombre d'arguments de valeur, beaucoup de physiciens soutiennent qu'en présence de ces expériences, non seulement la loi différentielle mais aussi la loi de causalité ont fait la preuve de leur échec. Or la loi de causalité jusqu'à présent se dressait comme le dernier postulat fondamental de toute la nature ! Mais on va plus loin encore ! On nie la possibilité d'une construction espace-temps, parce qu'elle ne pourrait pas être coordonnée de manière évidente aux phénomènes physiques. Ainsi, par exemple, un système mécanique est, de manière constante, seulement capable de valeurs d'énergie discrètes ou d'états discrets – l'expérience le prouve pour ainsi dire directement ! Cette évidence paraît alors et d'abord pouvoir être rattachée difficilement à une théorie du champ fonctionnant avec des équations différentielles. Et la méthode de Broglie-Schrödinger qui, d'une certaine façon, ressemble aux caractères d'une théorie du champ, déduit, mais en se fondant sur les équations différentielles par une espèce de réflexion de résonance, l'existence d'états discrets.

Or ceci concorde d'une façon stupéfiante avec les résultats de l'expérience. Mais la méthode en revanche échoue pour la localisation des particules matérielles et pour des lois rigoureusement causales. Aujourd'hui, qui serait assez fou pour décider de façon définitive de la solution du problème : La loi causale et la loi différentielle, ces dernières prémisses de la conception newtonienne de la nature, doivent-elles être rejetées à tout jamais ?

L'influence de Maxwell sur l'évolution de la réalité physique

Croire en un monde extérieur indépendant du sujet qui le perçoit constitue la base de toute science de la nature. Cependant, les perceptions des sens n'offrent que des résultats indirects sur ce monde extérieur ou sur la « réalité physique ». Alors, seule la voie spéculative peut nous aider à comprendre le monde. Nous devons donc reconnaître que nos conceptions de la réalité physique n'offrent jamais que des solutions momentanées. Et nous devons donc être toujours prêts à transformer ces idées, c'est-à-dire le fondement axiomatique de la physique, si, lucidement, nous voulons voir de manière aussi parfaite que possible les faits perceptibles qui changent. Quand nous réfléchissons même rapidement sur l'évolution de la physique, nous observons bien, en effet, les profondes modifications de cette base axiomatique.

La plus grande révolution de cette base axiomatique de la physique ou de notre intelligence de la structure de la réalité depuis que la physique théorique a été constituée par Newton a été provoquée par les recherches de Faraday et de Maxwell sur les phénomènes électromagnétiques. Je voudrais essayer de représenter cette rupture, avec la plus grande exactitude possible, en analysant le développement de la pensée qui précéda et suivit ces recherches.

D'abord le système de Newton. La réalité physique se caractérise par les concepts d'espace, de temps, de points matériels, de force (l'équivalence de l'action entre les points matériels). Selon Newton, les phénomènes physiques doivent être interprétés comme des mouvements de points matériels dans l'espace, mouvements régis par des lois. Le point matériel, voilà le représentant exclusif de la réalité, quelle que soit la versatilité de la nature. Indéniablement les corps perceptibles ont donné naissance au concept de point matériel ; on se figurait le point matériel comme analogue aux corps mobiles, en supprimant dans les corps les attributs d'étendue, de forme, d'orientation dans l'espace, bref toutes les caractéristiques « intrinsèques ». On conservait l'inertie, la translation, et on ajoutait le concept de force. Les corps matériels, transformés psychologiquement par la formation du concept « point matériel », doivent désormais eux-mêmes être conçus comme des systèmes de points matériels. Ainsi donc ce système théorique, dans sa structure fondamentale, se présente comme un système atomique et mécanique. Ainsi donc tous les phénomènes doivent être conçus au point de vue mécanique, c'est-à-dire simples mouvements de points matériels soumis à la loi du mouvement de Newton.

Dans ce système théorique, laissons de côté la question déjà débattue ces derniers temps à propos du concept d'« espace absolu », mais prenons la difficulté majeure : elle réside essentiellement dans la théorie de la lumière, parce que Newton, en plein accord avec son système, la conçoit aussi comme constituée de points matériels. Déjà à l'époque se posait la redoutable interrogation : Où sont passés les points matériels constituant la lumière, lorsque celle-ci est absorbée ? Sérieusement l'esprit ne peut pas accorder à l'imagination l'existence de points matériels de nature totalement différente dont il faudrait admettre la présence pour pouvoir représenter tantôt la matière pondérale, tantôt la lumière. Plus tard, il aurait fallu accepter les corpuscules électriques comme troisième catégorie de points matériels, avec évidemment des propriétés fondamentales différentes. La théorie de base repose sur un point très faible, puisqu'il faut admettre tout à fait arbitrairement et hypothétiquement les forces d'action réciproque déterminant les événements. Pourtant cette conception du réel a immensément servi l'humanité. Alors pourquoi et comment s'est-on résolu à la quitter ?

Newton veut donner une forme mathématique à son système, il s'oblige donc à découvrir la notion de dérivée et à établir les lois du mouvement sous la forme d'équations différentielles totales. Là, Newton a sans doute réalisé le progrès intellectuel le plus fabuleux qu'un homme ait jamais réussi à faire. Car, dans cette aventure, les équations différentielles partielles ne s'imposaient pas et Newton n'en fait pas un usage systématique. Mais elles deviennent indispensables pour formuler la mécanique des corps déformables. La raison profonde de son choix s'appuie sur ce fait : dans ces problèmes, la conception de corps exclusivement formés de points matériels n'a joué absolument aucun rôle.

Ainsi, l'équation différentielle partielle entre dans la physique théorique, un peu par la petite porte, mais peu à peu elle s'établit en reine. Ce mouvement irréversible débute au XIXe siècle, parce que, devant les faits observés, la théorie ondulatoire de la lumière bouscule des barrages. Avant, on imaginait la lumière dans l'espace vide comme un phénomène de vibration de l'éther. Mais on commence à sérieusement s'amuser de la considérer comme un ensemble de points matériels ! Alors, et pour la première fois, l'équation différentielle partielle semble correspondre le mieux à l'expression naturelle des phénomènes élémentaires de la physique. Ainsi dans un domaine particulier de la physique théorique, le champ continu et le point matériel sont les représentants de la réalité physique. Mais actuellement, et même si ce dualisme gêne considérablement tout esprit systématique, il se maintient. Si l'idée de la réalité physique cesse d'être purement atomique, elle reste cependant provisoirement mécanique. Car on essaie toujours d'interpréter tout phénomène comme un mouvement de masses inertes et l'on n'arrive même pas à imaginer possible une autre manière de concevoir. C'est à ce moment-là que se produit l'immense révolution, celle qui porte les noms de Faraday, Maxwell, Hertz. Dans cette histoire, Maxwell se taille la part du lion. Il explique que toutes les connaissances de l'époque à propos de la lumière et des phénomènes électromagnétiques reposent sur un double système bien connu d'équations différentielles partielles. Et le champ électrique est figuré, comme le champ magnétique, en tant que variable dépendante. Maxwell cherche à fonder ces équations sur des constructions mécaniques idéales, ou bien il cherche à les justifier par elles.

Mais il utilise plusieurs constructions de cette nature, pêle-mêle, sans en prendre une réellement au sérieux. Alors seules les équations elles-mêmes paraissent l'essentiel et les forces du champ y figurant se retrouvent entités élémentaires, irréductibles à toute autre chose. Quand on change de siècle, la conception du champ électromagnétique, entité irréductible, s'impose déjà universellement. Alors les théoriciens sérieux cessent d'avoir confiance dans le pouvoir ou la possibilité de Maxwell quand il élabore des équations à partir de la mécanique. Bientôt, en revanche, on tentera d'expliquer, par la théorie du champ, les points matériels et leur inertie à l'aide de la théorie de Maxwell, mais cette tentative échouera.

Maxwell a obtenu des résultats importants *particuliers*, par des travaux qui ont duré toute sa vie et dans les domaines les plus importants de la physique. Mais oublions ce bilan pour n'étudier que la modification de Maxwell, quand il conçoit la nature du réel physique. Avant lui, je conçois le réel physique – c'est-à-dire je me représente les phénomènes de la nature ainsi – comme un ensemble de points matériels. Quand il y a changement, les équations différentielles partielles décrivent et règlent les mouvements. Après lui, je conçois le réel physique comme représenté par des champs continus, non explicables mécaniquement mais réglés par des équations différentielles partielles. Cette modification de la conception du réel représente la révolution la plus radicale et la plus fructueuse pour la physique depuis Newton. Mais il faut également admettre que la réalisation complète de cette révolution n'a pas encore triomphé partout. En revanche, les systèmes physiques, efficaces et constitués depuis Maxwell, réalisent plutôt des compromis entre ces deux théories. Et bien entendu ce caractère de compromis souligne assez leur valeur provisoire et leur logique imparfaite, même si tout savant, en particulier, a réalisé d'immenses progrès.

Ainsi, la théorie des électrons de Lorentz montre clairement, immédiatement, comment le champ et les corpuscules électriques interviennent ensemble, comme des éléments de même valeur pour mieux faire concevoir le réel. Ensuite, la théorie de la relativité restreinte puis générale se fait connaître. Elle se fonde entièrement sur les réflexions amenées par la théorie du champ et elle ne peut pas éviter, jusqu'à aujourd'hui, d'utiliser les points matériels et les équations différentielles totales.

Enfin, la dernière née de la physique théorique se nomme la mécanique des quanta. Elle connaît un vif succès mais, par principe, elle rejette dans sa structure de base les deux programmes, ceux que nous désignons pour des raisons de commodité sous les noms de programme de Newton et programme de Maxwell. En effet, les grandeurs représentées dans ses lois ne prétendent pas représenter la réalité elle-même mais seulement les probabilités d'existence d'une réalité physique engagée. À mon avis, Dirac a exposé le plus admirablement possible l'ordre logique de cette théorie. Il observe avec raison qu'il serait presque illusoire de décrire théoriquement un photon, puisque dans cette description manquerait la raison suffisante autorisant d'affirmer s'il pourra ou non passer par un polarisateur placé obliquement sur sa trajectoire.

Au fond de moi-même, je suis intimement persuadé que les physiciens ne se contenteront pas longtemps d'une telle description insuffisante du réel, même si, de façon logiquement acceptable, l'on arrivait à formuler la théorie en accord avec le postulat de la relativité générale. Donc il faut provisoirement se satisfaire de l'essai de réalisation du programme de Maxwell. Il faut tenter de décrire la réalité physique par des champs satisfaisant aux équations différentielles partielles excluant rigoureusement toute singularité.

Le bateau de Flettner

L'histoire des découvertes scientifiques et techniques nous révèle combien l'esprit humain manque d'idées originales et d'imagination créatrice. Et même si les conditions extérieures et scientifiques pour l'apparition d'une idée sont réalisées depuis fort longtemps, il faut le plus souvent encore une cause extérieure pour qu'elle arrive à se produire. L'homme doit, au sens littéral du terme, se heurter au fait pour que la solution lui apparaisse. Cette vérité bien commune et peu exaltante pour notre orgueil se vérifie parfaitement dans le bateau de Flettner. Et cet exemple ne cesse d'étonner actuellement tout le monde ! Ce bateau offre encore un attrait supplémentaire : le mode d'action des rotors de Flettner reste ordinairement pour le profane un mystère ! Or, en fait, il ne s'agit que d'actions purement mécaniques, celles justement que tout homme croit connaître naturellement. Il y a environ deux cents ans, nous aurions pu déjà réaliser la découverte de Flettner, d'un strict point de vue scientifique. En effet, Euler et Bernoulli avaient déjà établi les lois élémentaires des mouvements des liquides sans aucun frottement. En revanche, depuis quelques années seulement, c'est-à-dire depuis qu'on utilise pratiquement des petits moteurs, on a pu exécuter concrètement l'invention. Et cependant, même quand les conditions furent réunies, un raisonnement nouveau ne s'établit pas automatiquement. Il a fallu à plusieurs reprises des échecs dans l'expérience.

Quand il fonctionne, le bateau de Flettner ressemble tout à fait à un bateau à voiles. Car, comme le bateau à voiles, il utilise le vent et seule la force du vent l'anime et le fait progresser. Cependant, au lieu d'agir sur les voiles, le vent agit sur des cylindres verticaux en tôle, maintenus en rotation par de petits moteurs. Et ces moteurs n'ont à combattre que le petit frottement rencontré par les cylindres dans l'air ambiant et dans leur support. La force motrice pour le bateau dépend exclusivement du vent, nous l'avons déjà signalé ! Les cylindres rotatifs ressemblent visuellement à des cheminées de bateau à vapeur, mais ont un aspect beaucoup plus haut, beaucoup plus massif. La section transversale opposée au vent est environ dix fois plus petite que celle d'un gréement d'un bateau à voiles de même puissance.

« Mais, comment donc, s'exclame le non-initié, ces cylindres rotatifs produisent-ils une force motrice ? » Je réponds immédiatement à la question, en essayant de le faire sans me servir du langage mathématique.

Pour tous les mouvements de fluides (liquides, gazeux), la proposition remarquable suivante reste vraie : en différents points d'un courant uniforme, si le fluide est animé de vitesses différentes, il règne aux points de plus grande vitesses la plus petite pression et inversement. La loi élémentaire du mouvement aide à comprendre cette loi très aisément. Si, par exemple, un fluide en mouvement est animé d'une vitesse orientée vers la droite, croissante de la gauche à la droite, les particules individuelles du fluide doivent subir une accélération, dans leur trajet de gauche à droite. Mais pour que cette accélération se produise, il faut bien qu'une force agisse sur les particules vers la droite. Donc ceci exige que la pression agissant sur la limite gauche soit plus élevée que celle s'exerçant sur la limite droite, alors qu'inversement la vitesse reste plus grande à droite qu'à gauche.

```
              Particules du liquide
   Pression  →  ┌─────────────────┐  ←  Pression
   à gauche     │                 │     à droite
                └─────────────────┘
                    Accélération
```

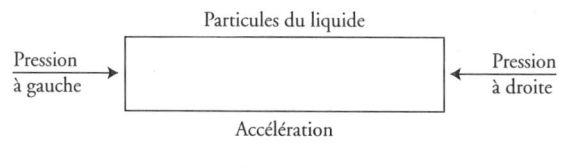

FIGURE I

Cette proposition de la dépendance inverse existant entre la pression et la vitesse permet indéniablement d'évaluer les pressions produites par le mouvement d'un liquide ou d'un gaz, et seulement pourvu que l'on connaisse la répartition de vitesse dans le liquide. Par un exemple simple, très connu, celui d'un vaporisateur de parfum, je vais d'abord expliquer comment on peut appliquer la proposition.

Nous avons un tube un peu élargi à son embouchure A. On en chasse l'air à grande vitesse grâce à un ballon de caoutchouc que l'on presse. Cet air expulsé se répand ensuite sous la forme d'un jet allant en s'élargissant constamment dans tous les sens. Et ainsi sa vitesse diminue graduellement jusqu'à zéro. Selon notre proposition, au point A, il est évident qu'il existe, à cause de la très grande vitesse, une pression beaucoup plus faible que celle qui se vérifie en un point éloigné de l'ouverture du tube. Il se manifeste donc en A une sous-pression par rapport à l'air lointain au repos.

Si un tube R, ouvert à ses deux bouts, pénètre par son extrémité supérieure dans la zone de plus grande vitesse, et par son extrémité inférieure dans un récipient rempli de liquide, la sous-pression se manifestant

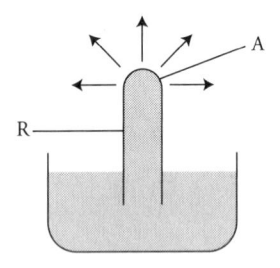

FIGURE II

en A aspire vers le haut le liquide du récipient, lequel, quand il sort au point A, est réparti en fines gouttelettes et se trouve entraîné par le courant d'air.

N'oublions pas cette comparaison et observons le mouvement de l'air le long d'un cylindre de Flettner. Soit C ce cylindre vu d'en haut. Supposons d'abord qu'il reste immobile et que le vent souffle dans la direction de la flèche.

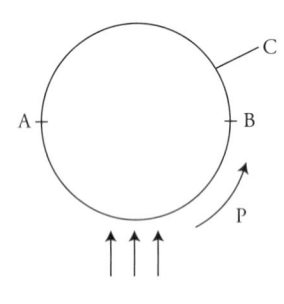

FIGURE III

Il doit accomplir un certain détour autour du cylindre C et il passe donc en A et en B avec la même vitesse. Donc en A et B existe la même pression et le vent n'exerce aucune action de force sur le cylindre. Mais supposons maintenant que le cylindre tourne dans le sens de la flèche P. Alors ce courant du vent, accomplissant son trajet le long du cylindre, se répartit différemment des deux côtés ; car en B le mouvement du vent est accéléré par le mouvement de rotation du cylindre et en A il est freiné. Ainsi, sous l'influence du mouvement rotatif du cylindre s'est créé un mouvement qui possède en B une vitesse plus grande qu'en A. Ainsi donc la force s'exerçant de la gauche vers la droite est utilisée pour faire mouvoir le bateau.

On pourrait supposer qu'un cerveau imaginatif aurait pu, de lui-même, c'est-à-dire sans problème posé par l'extérieur, trouver cette solution. En réalité, la découverte s'est réalisée de la façon suivante. Dans le tir du canon, on a remarqué que, même par temps calme, l'obus subit des écarts latéraux importants et irréguliers du plan vertical, en les comparant à la direction initiale de l'axe de l'obus. Ce phénomène curieux était obligatoirement attribué à la rotation de l'obus : raison de symétrie ! On ne pouvait pas trouver une autre explication de l'asymétrie latérale de la résistance de l'air. Ce phénomène troublait depuis longtemps les professionnels. Mais un jour, vers 1850, le professeur de physique Magnus, à Berlin, trouva l'explication correcte. Cette explication, celle que nous venons de commenter, montre la force agissant sur le cylindre placé dans le vent. Mais, à la place du cylindre C, il y a l'obus tournant autour d'un axe vertical et, à la place du vent, il y a le mouvement relatif de l'air autour de l'obus poursuivant sa trajectoire. Magnus vérifie son explication par des essais sur un cylindre tournant. Cela ressemblait pratiquement au cylindre de Flettner. Un peu plus tard, le grand physicien anglais, Lord Rayleigh, nota, absolument seul, la même observation à propos des balles de tennis. Il donna lui aussi exactement la même explication correcte. Ces dernières années, le célèbre professeur Prandtl exécuta des recherches précises, théoriques et pratiques, sur le mouvement du fluide le long des cylindres de Magnus. Il imagina et réalisa presque toute l'expérience voulue par Flettner. Ce dernier vit les recherches de Prandtl. Alors et alors seulement, il pensa qu'on pourrait utiliser ce système pour remplacer la voile. Sans cette chaîne d'observations, quelqu'un aurait-il imaginé cette découverte ?

La cause de la formation des méandres dans les cours des rivières – Loi de Baer

Les cours d'eau ont tendance à s'écouler en ligne sinueuse au lieu de suivre la ligne de plus grande pente du terrain. Voilà la loi générale. De plus, les géographes vérifient que les rivières de l'hémisphère nord érodent de préférence leur rive droite et que l'hémisphère sud voit le phénomène inverse (loi de Baer). Pour expliquer ces phénomènes, de nombreuses explications ont été proposées. Bien entendu, pour le spécialiste, je ne suis pas certain que mon raisonnement soit particulièrement neuf. Et d'ailleurs certaines parties de ce raisonnement sont déjà connues. Mais puisque je n'ai pas encore rencontré de personnes connaissant totalement les relations causales de ce phénomène, je juge utile d'en faire un bref exposé.

À mon avis, il semble évident que l'érosion doit être d'autant plus forte que la vitesse du courant est plus grande, à l'endroit où il est directement en contact avec la rive érodée. Ou bien la chute de la vitesse du courant jusqu'à zéro est plus rapide à l'endroit de la paroi liquide. Cette remarque s'applique à tous les cas puisque l'érosion est provoquée par une action mécanique ou par des facteurs physico-chimiques (dissolution des particules du terrain). J'ai donc voulu réfléchir sur les faits qui pourraient influencer la rapidité de la perte de vitesse le long de la paroi.

Dans les deux cas, l'asymétrie de la chute de vitesse oblige à réfléchir, plus ou moins directement, sur la formation d'un phénomène de circulation. Voilà le premier plan de notre recherche.

Je vous propose une petite expérience que chacun peut répéter aisément. Supposons une tasse à fond plat remplie de thé avec quelques petites feuilles de thé au fond. Elles y restent parce qu'elles sont plus lourdes que le liquide qu'elles ont déplacé. J'imprime au liquide avec une cuiller un mouvement de rotation ; aussitôt les petites feuilles de thé se rassemblent au centre du fond de la tasse. Pourquoi ? La raison en est simple. La rotation du liquide provoque une force centrifuge, elle agit donc sur lui. Cette force, par elle-même, ne causerait aucune modification sur le courant du liquide si ce dernier tournait comme un corps rigide. Mais au voisinage de la paroi de la tasse, le liquide est freiné par le frottement. Donc il tourne, dans cette région, à une vitesse angulaire moindre que dans d'autres endroits situés plus à l'intérieur. Et plus précisément la vitesse angulaire du mouvement de rotation, et donc la force centrifuge dans le voisinage du fond de la tasse, sera plus faible que dans les endroits plus élevés.

FIGURE I

La figure I représente la circulation du liquide. Cette circulation ira en croissant jusqu'à ce que, à cause du frottement du fond de la tasse, elle devienne stationnaire. Les petites feuilles de thé sont entraînées par le mouvement de circulation vers le centre du fond de la tasse. Elles ont servi à démontrer ce mouvement.

Le même raisonnement s'applique à un cours d'eau comprenant une courbure (figure II). Dans toutes les sections transversales du cours d'eau (au niveau de la courbure), une force centrifuge agit dans le sens de l'extérieur de la courbure (de A vers B). Mais cette force est plus faible dans le voisinage du fond, où la vitesse du courant d'eau est réduite par le frottement, que dans les endroits élevés au-dessus du fond. Ainsi se constitue et se forme un mouvement circulatoire (cf. figure II). Mais, même là où ne se trouve aucune courbure du cours d'eau, sous l'influence de la rotation de la terre, se constitue et se forme une circulation de même genre (cf. figure II), mais beaucoup plus faible. Cette rotation provoque une force de Coriolis, dirigée perpendiculairement à la direction du courant. Sa composante horizontale, dirigée vers la droite, est égale à $2v\Omega\sin\varphi$ par unité de masse liquide, v étant la vitesse du courant, Ω la vitesse de rotation de la Terre et φ la latitude géographique. Puisque le frottement du fond détermine une diminution de cette force à mesure qu'on s'en rapproche, cette force produit elle aussi un mouvement circulaire de même type que celui indiqué (figure II).

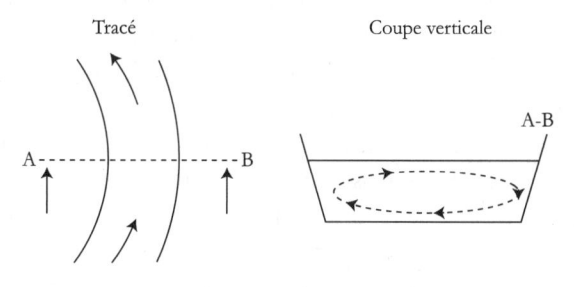

FIGURE II

Après cette expérience préliminaire, analysons maintenant la répartition de la vitesse dans la section du cours d'eau où se détermine l'érosion. Pour cela, nous nous représentons d'abord comment la répartition de vitesse (turbulence) s'établit et se maintient dans un courant. En effet, si l'eau calme d'un courant se trouvait brusquement mise en mouvement par l'intervention d'une impulsion dynamique accélératrice et uniformément répartie, la répartition de la vitesse sur la section transversale resterait d'abord uniforme. Mais, peu à peu, sous l'action du frottement des parois, s'établirait une répartition de vitesse. Elle irait, en augmentant progressivement, depuis les parois jusque vers l'intérieur de la section du courant. Une perturbation stationnaire (en grosse moyenne) de la répartition de la vitesse sur la section transversale ne se produirait de nouveau que lentement, sous l'influence de la friction du liquide.

Ainsi, l'hydrodynamique représente le phénomène de l'installation de cette répartition de vitesse. Dans une répartition méthodique du courant (courant potentiel), tous les filaments tourbillonnants se concentrent le long de la paroi. Ils s'en détachent puis se déplacent lentement vers l'intérieur de la section transversale du courant, en se répartissant sur une couche d'épaisseur croissante. Pour cette raison, la diminution de vitesse le long de la paroi décroît lentement. Et sous l'action du frottement intérieur du liquide, les filaments tourbillonnant à l'intérieur de la section transversale du liquide disparaissent lentement et sont remplacés par d'autres qui se forment de nouveau le long de la paroi. S'établit ainsi une répartition de vitesse quasi stationnaire. Observons un fait essentiel : le raccordement de l'état de répartition de vitesse à l'état de répartition stationnaire est un phénomène lent. Ce fait explique que des causes relativement minimes, mais agissant constamment, peuvent influencer dans une mesure considérable la répartition de la vitesse sur la section transversale.

Nous pouvons progresser. Analysons quelle sorte d'influence le mouvement circulaire (figure II), provoqué par une courbure d'eau ou par la force de Coriolis, doit exercer sur la répartition de la vitesse sur la section transversale du liquide. Les particules se déplaçant le plus rapidement sont les plus éloignées des parois, et donc se trouvent dans la partie supérieure au-dessus du centre du fond. Les parties liquides les plus rapides sont projetées par le mouvement circulaire vers la paroi de droite. Inversement la paroi de gauche reçoit de l'eau provenant de la région près du fond et dotée d'une vitesse extrêmement faible. Pour cette raison donc l'érosion doit être plus forte sur le côté droit que sur le côté gauche. Cette explication, remarquons-le, souligne considérablement le fait suivant : le mouvement circulaire lent de l'eau exerce une énorme influence sur la répartition de vitesse parce que le phénomène du rétablissement d'équilibre entre les vitesses par le frottement intérieur (donc contraire au mouvement circulaire) se révèle aussi un phénomène lent.

Nous comprenons ainsi la cause de la formation des méandres. Et nous pouvons aisément en déduire aussi certaines particularités. Par exemple, l'érosion est non seulement relativement importante sur la paroi de droite, mais aussi sur la partie droite du fond. On pourra y observer un profil, ainsi qu'il aura tendance à se former (figure III).

De plus, l'eau superficielle provient de la paroi de gauche et se meut par conséquent, surtout sur le côté gauche, moins vite que l'eau des couches inférieures. Cette observation a été faite expérimentalement.

FIGURE III

Enfin, le mouvement circulaire possède de l'inertie. La circulation n'atteint son maximum qu'en arrière du point de plus grande courbure. Par le fait aussi s'explique l'asymétrie de l'érosion. Pour cette raison, dans le processus de formation de l'érosion, il se produit une accumulation des lignes sinueuses des méandres dans le sens du courant. Dernière observation : le mouvement circulaire disparaîtra par le frottement d'autant plus lentement que la section transversale de la rivière sera plus grande. Donc la ligne sinueuse des méandres croîtra avec la section transversale de la rivière.

Sur la vérité scientifique

1. Le terme « vérité scientifique » ne s'explicite pas facilement par un mot précis. La signification du mot « vérité » varie tellement s'il s'agit d'une expérience personnelle, d'une proposition mathématique ou d'une théorie de science expérimentale. Alors je ne peux absolument pas traduire en langage clair le terme « vérité religieuse ».

2. Parce qu'elle éveille la pensée de la causalité et de la synthèse, la recherche scientifique peut faire régresser la superstition. Reconnaissons cependant à la base

de tout travail scientifique d'une certaine envergure une conviction bien comparable au sentiment religieux, puisqu'elle accepte un monde fondé en raison, un monde intelligible !

3. Cette conviction, liée à un sentiment profond d'une raison supérieure se dévoilant dans le monde de l'expérience, traduit pour moi l'idée de Dieu. En langage simple, on traduirait comme Spinoza par le terme « panthéisme ».

4. Je ne peux pas envisager les traditions confessionnelles autrement que par le biais de l'histoire ou de la psychologie. Je n'ai pas d'autre relation possible avec elles.

À propos de la dégradation de l'homme scientifique

Quel but en soi devrions-nous choisir pour nos efforts ? Serait-ce la connaissance de la vérité ou, pour parler en termes plus modestes, la compréhension du monde expérimental grâce à la pensée logique cohérente et constructive ? Serait-ce la subordination de notre connaissance rationnelle à quelque autre but, disons par exemple « pratique » ? La pensée par elle-même ne peut résoudre ce problème. En revanche, la volonté détermine son influence sur notre pensée et notre réflexion à condition évidemment qu'elle entraîne avec elle une inébranlable conviction. Je vous livre cet aveu très personnel : l'effort vers la connaissance représente un de ces buts indépendants, sans lesquels, pour moi, une affirmation consciente de la vie n'existe pas pour l'homme qui déclare penser.

L'effort vers la connaissance, par sa nature propre, nous pousse en même temps à l'intelligence de l'extrême variété de l'expérience et à la maîtrise de la simplicité économique des hypothèses fondamentales. L'accord final de ces objectifs représente dans le premier moment de nos recherches un acte de foi. Sans cette foi, la conviction de la valeur indépendante de la connaissance n'existerait pas, cohérente et indestructible.

Cette attitude profondément religieuse de l'homme scientifique face à la vérité rejaillit sur toute sa personnalité. En effet, en deux domaines les résultats de l'expérience et les lois de la pensée commandent par eux-mêmes. Et donc le chercheur, en principe, ne se fonde sur aucune autorité dont les décisions ou les communications pourraient prétendre à la vérité. D'où le violent paradoxe suivant : Un homme livre toute son énergie à des expériences objectives et il se transforme, dès qu'on l'envisage en sa fonction sociale, en un individualiste extrême qui, théoriquement du moins, ne se fierait qu'à son propre jugement. On pourrait presque dire que l'individualisme intellectuel et la recherche scientifique naissent ensemble historiquement, et que depuis ils ne se séparent plus.

Or l'homme scientifique présenté ainsi, qu'est-il d'autre qu'une simple abstraction, invisible dans le monde réel, mais comparable à l'*homo œconomicus* de l'économie classique ? Or, dans la réalité, la science concrète, celle de notre quotidien, ne se serait jamais créée et maintenue vivace si cet homme de science n'était apparu, au moins dans ses grandes lignes, dans un grand nombre d'individus et pendant de longs siècles.

Évidemment, je ne considère pas automatiquement comme un homme scientifique celui qui sait se servir d'instruments et de méthodes jugés scientifiques. Je ne pense qu'à ceux dont l'esprit se révèle vraiment scientifique.

À l'heure actuelle, quelle situation est faite dans le corps social de l'humanité à l'homme de science ? Dans une certaine mesure, il peut se féliciter que le travail de ses contemporains, même de façon très indirecte, ait radicalement modifié la vie économique des hommes parce qu'il a éliminé presque entièrement le travail musculaire. Mais il est aussi découragé puisque les résultats de ses recherches ont provoqué une terrible menace pour l'humanité. Car les résultats de ses investigations ont été récupérés par les représentants du pouvoir politique, ces hommes moralement aveugles. Il réalise aussi la terrible évidence de la phénoménale concentration économique engendrée par les méthodes techniques issues de ses recherches. Il découvre alors que le pouvoir politique, créé sur ces bases, appartient à d'infimes minorités qui dirigent à leur gré complètement une foule anonyme de plus en plus privée de toute réaction. Plus terrible encore s'impose à lui cette constatation. Cette concentration du pouvoir politique et économique autour de si peu de personnes n'entraîne pas seulement la dépendance matérielle extérieure de l'homme de science, elle menace en même temps son existence profonde. En effet, par la mise au point de techniques raffinées pour diriger une pression intellectuelle et morale, elle interdit l'apparition de nouvelles générations d'êtres humains de valeur, mais indépendants.

L'homme de science aujourd'hui connaît vraiment un destin tragique. Il veut et désire la vérité et l'indépendance profonde. Mais, par ces efforts presque surhumains, il a engendré les moyens mêmes qui le réduisent extérieurement en esclavage et qui l'anéantiront en son moi intime. Il devrait autoriser les représentants du pouvoir politique à lui attacher une muselière. Et comme soldat, il se voit contraint de sacrifier la vie d'autrui et la sienne propre, et il est convaincu de l'absurdité d'un tel sacrifice. Avec toute l'intelligence souhaitable, il comprend que, dans un climat historique bien conditionné, les États fondés sur l'idée de Nation incarnent le pouvoir économique et politique et donc le pouvoir militaire, et que tout ce système conduit inexorablement à l'anéantissement universel. Il sait que, dans les méthodes actuelles d'un pouvoir terroriste, seule l'instauration d'un ordre juridique supranational peut encore sauver l'humanité. Mais l'évolution est telle qu'il subit sa condamnation au statut d'esclave comme inéluctable. Il se dégrade tellement profondément qu'il continue, sur ordre, à perfectionner les moyens destinés à l'anéantissement de ses semblables.

L'homme scientifique est-il contraint de supporter réellement ce cauchemar ? Le Temps est-il définitivement révolu où sa liberté intime, sa pensée indépendante et ses recherches pouvaient éclairer et enrichir la vie des humains ? Aurait-il oublié sa responsabilité et sa dignité, parce que son effort ne s'est exercé que dans l'activité intellectuelle ? Je réponds : Oui, on peut anéantir un homme intérieurement libre et vivant selon sa conscience mais on ne peut pas le réduire à l'état d'esclave ou d'instrument aveugle.

Si l'homme scientifique contemporain trouve le temps et le courage de juger la situation et sa responsabilité, de façon paisible et objective, et s'il agit en fonction de cet examen, alors les perspectives d'une solution raisonnable et satisfaisante pour la situation internationale d'aujourd'hui, excessivement dangereuse, apparaîtront profondément et radicalement transformées.

TABLE

Note de l'éditeur 7

1. Comment je vois le monde 11

2. Politique et pacifisme 67

3. Lutte contre le national-socialisme.
   Profession de foi 119

4. Problèmes juifs 131

5. Études scientifiques 157

Composition et mise en pages

NORD COMPO
multimédia

N° édition : L.01EHQN000162.B002
Dépôt légal : octobre 2009
Imprimé en Espagne par Novoprint (Barcelone)